그놈의 댕댕이

강아지와 힐링하며
돈버는 노하우 전격 공개!

:☀ 양단우 ☀:

🐾 디디북스

❄ 목차 ❄

PART 3

나는 세상에서 가장 Crazy한 펫시터입니다.

PART 4

펫로스를 앓고 있는 펫시터

에필로그

펫시터여서 인생이 바뀌었어요.

프롤로그 : 집사야! 오늘도 돈 잘 벌어와~

왜 일하는 건 지루하고 재미가 없을까?

모니터에 깜빡거리는 커서. 의미 없는 숫자들의 타이핑. 오늘 아침에도 확정된 당일 야근 통보. 김치 겉절이처럼 잔뜩 찌든 몸으로 퇴근했습니다. 나다움을 상실한 채 월급날만 헤아리는 삶이 무의미하게 느껴졌습니다. 그러다 현관문 도어록을 띡띡 누르는 순간, 저 멀리서 우다다다 뛰어오는 소리가 들렸지요. 문을 열자마자 뱅글뱅글 점프하며 반겨주는 건, 바로 우리집 귀염둥이 강아지 디디였답니다.

지치고 고된 삶을 견뎌야만 돈을 벌 수 있을까?

사회생활을 하는 내내 이 질문이 머릿속에서 떠나가질

않았습니다. 몸은 사무실에 앉아 있는데 마음은 다른 곳에 두둥실 떠 있었습니다. 하루가 멀다고 실수 연발에, 사건 사고가 쉴 날이 없었지요. "내가 잘하는 일로 돈을 벌고 싶은데…."라며 다른 직업들로 이직하기도 했고, 방황하는 날이 길어지면서 어느덧 30대가 훌쩍 지나 있었습니다.

내가 세상에서 가장 잘하는 일이라곤 우리집 강아지 디디를 돌보는 것밖에 없었어요. 평범한 댕댕이 집사였고 동네 아줌마였습니다. 이리저리 이직하면서 물경력이 차곡차곡 쌓였고, 내 또래에 잘나가는 여자들을 볼 때마다 자존감은 바닥으로 떨어졌습니다.

나는 정말 능력이 없을까?

자격증도 따고 재취업 과정에도 참여했지만 결국 다 실패였습니다. 어느 하나 마음에 드는 직장이 없었어요. 하지만 잔뜩 움츠러든 내게, 새로운 기회가 올 줄은 상상도 못했습니다. 그것도 반려동물전문가인 "펫시터"라는 기회로 말이죠.

돈을 번다면 내가 가장 재밌어하고, 하고 싶은 일로 하자!

강아지를 돌보는 일로 돈을 번다. 정말 꿈같은 일이지만 현실에서 벌어지는 일이랍니다. 펫시터가 된 덕분에 작가로 활동하기도 했고요. 방송에도 출연했답니다. 우리집 강아지 집사에서 프로 펫시터가 되는 길은 험난했지만 모든 순간이 즐겁고, 감사했어요. 전문성을 쌓아가기 위해 어느 때보다 열심히 공부했고 다이어트에도 성공했답니다.

내가 어떻게 펫시터가 되었는지 궁금하지 않나요? 여러분 또한 펫시터가 될 수 있습니다. 강아지들과 함께 한 시간이 모두 커리어를 쌓은 시간이니까요. 여러분은 이미 경력직입니다.

펫시터가 될 준비가 되셨나요?
자, 이제 나를 따라오세요~

PART 1

백수에서
동물전문가로 도전하기

지금 나, **잘렸다고?**

"사실 이런 말까지는 안 하려고 했는데….
죄송하지만, 우리 회사랑은 잘 안 맞는 것 같습니다.
이번 달 월급은 넣어줄게요. 그동안 수고하셨습니다."

뭐야? 지금 나 잘린 거야? 방금 난 카톡 하나로 정리 해고당해버렸습니다. 이럴 수가! 엄청 황당하죠? 근데 분노가 치밀어 오르기보다, 당장 생계가 막막하다는 생각이 더 빨리 솟았습니다. 무릎 위에는 세상 편하게 새근새근 낮잠을 즐기고 있는 강아지 디디가 있었죠.

디디의 사룟값은 어떡하지? 건강검진비는? 한 달에 한 번씩 먹이는 구충약은 무슨 돈으로 사지? 아니, 그보다 배변패드가 몇 장이나 남았더라? 눈앞이 캄캄해졌습니다.

1년 동안 늦깎이 취업준비생으로서 천신만고의 노력 끝에 취업한 회사에서 단박에 잘려버린 터라, 하늘이 무너져 내린 것만 같았습니다. 여태껏 직장인의 삶만 살아온 나로서는, 인생의 한 가능성이 완벽하게 차단된 느낌이었습니다. 나는 아직 젊고, 능력이 있는데 말입니다.

다시 취업해보려는 노력도 해봤습니다. 이력서와 자기소개서에 새로운 내용을 추가해서 여러 군데에 돌렸습니다. 그런데 애매한 나이, 애매한 경력의 나를 받아줄 직장은 아무 데도 없었습니다.

나는 겨우 30대 초반인데도, 면접장에 가보면 나보다 더 어리고 능력이 좋은 사람들이 바글바글했습니다. 점차 자신감을 잃어갔습니다. 사회의 냉혹한 현실에 지쳐가며 고민하던 찰나…. 딩동! 하고 문자 알람이 울렸습니다. 시에서 운영하는 여성인력개발센터에서 반려동물관리사 과정이 시작된다는 소식이었죠.

오! 이런 직업도 있구나, 싶었습니다. 20년이 넘게 디디를 길러온 나로서는 최고의 직업 아닐까요? 강아지와 힐링하며 돈을 벌 수 있는 직업이 있다니. 한번 도전이나 해볼까? 하고요. 하지만 머지않아 걱정이 스멀스멀 올라왔습니다. 반려동물전문가라…. 과연 내가 할 수 있을까?

나는 자타공인 똥손인지라 강아지 미용은커녕 오히려 디디의 뒤통수를 바리깡으로 확 밀어 버렸을 정도였습니다. 그렇다고 TV에 나오는 멋진 훈련사들처럼 강아지들의 문제 행동을 척척 고쳐줄 수 있는 능력이 있는 것도 아니었습니다. 때 되면 밥 주고, 물 주고, 산책하고. 특별한 것이 없는 흔한 댕댕이 집사였습니다.

이런 내가 무슨 반려동물전문가야 싶어 핸드폰을 닫았다가도, 다시 생각나면 자꾸만 열어보게 되었습니다. 에라이~ 안되면 말지 뭐! 일단 부딪혀 보자는 심정으로, 센터에 곧장 달려갔습니다.

거기에는 잔뜩 주눅이 든 내게, 반려동물관리사로 어떻게 활동하면 좋을지를 상담해주는 직업상담사님이 계셨습니다. 직업상담사님은 한참 상담해주시다가, 동물병원의 수의테크니션(동물보건사), 반려동물용 간식을 제조하는 쪽으로의 취·창업, 반려동물 아로마테라피스트 등 여러 가지 직업들을 소개해주셨습니다.

반려동물전문가 양성과정을 들으면 더 확실한 답이 나올 것만 같았습니다.

동물전문가, 나도 가능할까요?

그래, 죽으란 법은 없지! 라는 마음으로 뛰어든 반려동물전문가 양성 과정. 여러분도 주변을 둘러보면 동물전문가가 되기 위한 과정들을 찾으실 수 있을 겁니다.

요즘에는 반려동물전문가가 되려고 도전하는 사람들이 점차 늘어나면서, 이에 따른 교육과정들도 늘어나고 있습니다. 아직 직장에 다니고 있어 시간에 대한 제약이 있다면 평생교육원 등에서 온라인 과정이나 줌 수업 등을 들을 수 있습니다.

고용노동부 산하의 취업센터나 여성인력개발센터 등의 훈련 과정을 이수하며 직업상담도 받을 수 있답니다. 한국애견연맹에서는 온라인 강의로 반려동물종합관리사 과정을 제공하고 있습니다. 한국애견협회에서는 K'반려견 아카데미라는 교육 기관도 운영하고 있습니다.

자격증마다 국가·민간으로 나누어지기도 하고 종류도 워낙 많으니, 뭐부터 해야 할지 몰라 혼란스러울 수 있습니다. 이럴 때는 반려동물관리사나 반려동물종합관리사와 같이 기본적인 지식부터 공부해나가시는 것을 추천해 드립니다. 관련 공부를 해나가면서 내게 맞는 분야가 무엇인지 방향성을 잡을 수도 있고, 내가 몰랐던 동물 지식을 더 잘 알기회가 되기도 합니다. 차근차근 스텝을 밟아가자는 마음으로 시작하면, 무엇이든지 척척 해결해 나갈 수 있는 큰힘을 얻게 될 것입니다.

동물전문가 정보를 얻는 팁

1. **한국애견협회**(KCC) http://kkc.or.kr

K'반려견아카데미를 운영하여 이론과 실습을 겸비하여

자격증 준비를 할 수 있습니다. 반려동물관리사 자격증은 1급, 2급으로 나누어집니다. 단, 반려견지도사 자격증은 전문훈련사 자격증이니 혼동하지 마세요. 펫시터 자격증도 있는데 단일 등급으로 이루어져 있습니다. 이외에도 다양한 자격증 종류들이 있으니, 홈페이지를 방문해서 내게 맞는 자격증이 무엇인지 찾아보세요.

2. 한국애견연맹(KKF) www.thekkf.or.kr

국내 최초의 동물 관련 단체입니다. 애견미용사, 핸들러, 훈련사를 총망라하는 반려동물종합관리사 자격증을 시행하고 있습니다. EBS와 협력해 펫에듀 사이트에서 온라인 강의를 진행하고 있습니다.(www.ebspetedu.co.kr) 한국애견연맹 홈페이지에서 자격증 대비 교재를 직접 구매할 수 있습니다.(한국애견연맹 홈페이지 → KKF서비스 → KKF발간서적→ "반려동물종합관리사"도서를 찾은 뒤 서적 구매 신청을 누르시면 됩니다.) 반려동물종합관리사는 단일 등급입니다.

3. 한국여성인력개발센터연합 www.vocation.or.kr

전국 53개의 여성인력개발센터의 연합입니다. 경력단절

여성들의 사회진출을 돕고 경제활동을 할 수 있도록 직업 전문기술을 가르칩니다. 고용노동부와 여성가족부, 각 지자체와 협력하여 일자리 지원 시스템을 구축하고 있습니다.

때문에 취업성공패키지, 워크넷에서의 일자리 알선 등 적극적인 구직 연결에 앞장서고 있습니다. 찾아가는 취업지원사업에서는 동행면접이라 하여, 구직자에게 적합한 일자리를 탐색한 뒤 면접 담당자와 면접에 동행하는 서비스도 있답니다. 구직자가 느낄 수 있는 심리적인 부담감을 덜어주고, 면접 때 미처 어필하지 못한 구직자의 장점을 대신 어필해주기도 하는 등 직업상담사에게서 받는 든든한 메리트를 경험할 수 있습니다.

취업성공패키지 역시 구직자가 충분히 만족할 만한 근무 환경인지, 직업상담사가 확인하고 매칭해줍니다. 경력 단절된 구직자의 새로운 일자리가 괜찮은 곳인지 불안해하지 않도록 도와준답니다. 일자리 탐색부터 서류지원, 면접, 취업 후 상담까지 원스톱으로 관리합니다. 정말 든든하지요?

이외에도 지역마다 한국반려동물관리협회(www.dwse.or.kr)와 MOU를 맺어 반려동물전문가 교육 과정을 개강하는 여성인력개발센터도 있습니다.

내가 거주하는 지역에도 여성인력개발센터가 있는지, 반려동물전문가 교육 과정이 열리는지 살펴 보고 상담받아보세요. 이론과 실습을 병행하는 곳도 있고, 교육 과정을 수료한 이후에 직업 연계까지 도와주는 곳도 있습니다.

나도 동물이라고는 잘 알지도 못하고 우리집 강아지 디디밖에 모르는 평범한 사람이었습니다. 그래도 지금은 펫시터라고 당당하게 말할 수 있답니다. 펫시터로서 매거진에 에세이도 쓰고, TV와 라디오에 출연하기도 했습니다. 내가 이렇게 활발하게 일할 거라곤 전혀 상상해본 적 없었는데, 꿈만 같은 일들이 펼쳐지고 있습니다.

"돌다리도 두드려보고 건너가라"라는 속담이 있지요? 이번에는 돌다리를 두드리기만 하지 마시고, 휙 건너뛰기를 경험해보시길 바랍니다. "나 같은 사람이 가능할까요…."라고요? 옛날 내 모습이랑 완전 판박이시네요~ 돌다리를 건너더라도 물에 풍덩 빠져서 허우적거리지 않도록 손을 내밀어 드릴게요. 잘 따라올 수 있으시겠죠?^^

두근두근 동물병원으로 **면접하러 갔어요!**

　동물전문가가 되기 위한 첫 발걸음으로, 반려동물관리사 자격증 과정에 등록한 지 2개월 정도가 지났습니다. 그동안 정말 다양한 지식을 배웠답니다. 평소에 디디를 기르던 집사일 때는 전혀 알지 못했던 것들을, 이제야 새롭게 알아가니 세상이 달라 보였습니다. 공부가 너무나 재밌고 흥미로워서, 앞으로 어떤 전문가가 될지 기대하는 마음도 커졌습니다.

　그렇지만 바로 뭘 해야겠다는 갈피를 잡진 못했습니다. 아직 가야 할 길이 더 있는 것만 같았지요. 반려동물관리사 과정을 진행해주신 선생님은 이런저런 이야기를 들으시더니 수의테크니션, 그러니까 지금은 "동물보건사"로 불리는 동물병원 간호사로 도전해볼 것을 권하셨습니다. 나는 동물보건사가 되려면 어떻게 할지 고민하며 취업성공패키지의 문을 두드렸습니다.

취업성공패키지는 고용노동부에서 취업에 도움이 되는 각종 서비스를 지원해주는 프로그램입니다. 직업상담사의 도움을 받아 적성에 맞는 진로를 찾고, 집중적으로 취업을 알선해주는 제도입니다. 이렇게 연결된 직업상담사님이 동물보건사에 대한 정보를 찾는 데 큰 도움이 되었습니다. 동물병원 취업 정보가 올라오는 사이트들을 정리해서 알려주시고, 직접 원장님들께 전화하여 채용 조건을 꼼꼼히 살펴주셨습니다. 반려동물 관련 구인·구직 사이트가 있는데 몇 군데 알려 드리겠습니다.

🐾 반려동물 관련 구인·구직 사이트

- 도루스 www.dorus.co.kr
- 애완잡 www.aewanjob.com
- 펫잡스 https://petjobs.co.kr
- 개원잡 http://gaewonjob.co.kr
- 동물조아 http://gaewonjob.co.kr

꼭 동물병원에 취업하는 것이 아니라도, 애견 유치원, 미용사 등에 도전하실 때 잘 활용해보세요. 그뿐만 아니라 워크넷, 사람인, 잡코리아 등 일반 직종의 구인·구직 사이트에도 종종 반려동물전문가를 구하는 게시글이 올라오기도 합니다. 나만의 리스트를 만들어서 관리해두면 좀 더 한눈에 들어오겠지요.

나는 동물병원에 대해 아무런 정보도, 이력도 없는데 어떻게 면접을 준비해야 할지 막막했습니다. 취업성공패키지의 도움을 받아 서류 합격을 받았다 할지라도, 무슨 질문이 나올지 전혀 예상할 수 없었습니다. 그래서 〈동물간호학〉, 〈동물진단간호학〉과 같은 전문적인 책을 읽으며 면접을 준비하기도 했습니다. 비록 내용이 어려워서 잘 이해하지 못하더라도 말입니다.

그렇지만 면접일에는 엉뚱한 질문들을 받았습니다. 나름 전문적인 답변을 준비해갔다고 생각했는데 말입니다. 면접에서 만난 수의사님들은 막상 다른 질문들을 하셨습니다. 이 중 내가 받은 질문들은 다음과 같습니다.

🐾 동물병원 면접에서 받은 질문들

1. 고양이를 어떻게 보정하는지 아시나요?
2. 어떤 반려동물을 길러보셨나요?
3. 현재 기르고 있는 반려동물이 있나요?
4. 반려동물이 아플 때 어떻게 대처했나요?
5. 환자들에게 약을 먹이는 방법을 아시나요?(가루약, 알약, 안약 등)
6. 생애주기별 예방접종기간이 어떻게 되나요?
7. 슬개골이 탈구된 상황에서 어떤 대처를 했나요?
8. 일하며 스트레스를 받았을 때, 어떤 식으로 해소하곤 했나요?(휴무일과 퇴근시간 각각 해소 방법)
9. 처음에는 약물이나 의료 용어가 낯설 수 있는데, 적응하기 위해서 어떤 노력을 할 수 있을까요?
10. 털이나 특정 알레르기가 있는 편인가요?
11. 기르는 반려동물의 맘마 급여, 물 급수, 그릇 세척 방법은 어떻게 되나요?
12. 강아지와 고양이의 사회화시기는 언제인가요?
13. 알고 있는 동물 관련 질병은 무엇인가요?
14. 머즐(입마개)을 채워본 적이 있나요?

이 중에서 가장 많이 들은 질문은 단연 1번, 고양이 보정 방법이랍니다. 한번은 수의사님이 고양이 보정이 능숙한지 여러 번 질문하셨습니다. 나는 당연히 자신 있다고 말씀드렸습니다. 수의사님은 고개를 갸웃하며 대답하셨습니다.

"지난번에 어떤 고양이가 우주선 배낭에 실려서 내원했었거든요. 저희 의료진들이 최대한 주의했지만, 고양이가 우주선을 탈출하자마자 흥분한 탓에 난리가 난 적이 있었어요. 이것 보세요."

라며 팔을 걷어붙였는데, 글쎄 수의사님 팔에 날카로운 발톱으로 긁은 상처가 있는 것 아니겠어요? 고양이가 병원이 무서운 나머지, 발톱으로 할퀸 모양이었습니다. 위의 질문들도 실무에 잘 적응할 수 있는지를 알아보려는 것이겠지마는, 동물 환자들에 민첩한 대응을 할 수 있는지를 더 면밀히 살피는 느낌이었습니다.

요즘에는 동물보건사로 일하면서 동시에 펫시터로 활동하는 분들도 있습니다. 수의사와 펫시터를 병행하는 분들도 있고요. 유동적인 시간을 이용하여 펫시터의 커리어도 함께 쌓아가면, 동물전문가로서 일석이조 아닐까요?

아무쪼록 동물보건사로든, 펫시터로든 어느 방향을 잡더라도 여러분에게 좋은 결정이 되었으면 합니다. 여러분의 출발이 신중한 만큼, 이후의 여정도 마찬가지로 해피하시길!

어느 길이든
해피하기를!

입사한 지 2주 만에
동물병원을 탈출했습니다.

　우여곡절 끝에 입사한 동물병원. 첫 3개월은 수습 선생님이라는 자격이 주어졌습니다. 주요 업무는 동물 환자의 입원실을 청소하는 것이었습니다. 밤새 입원한 강아지, 고양이 환자들의 배변패드와 모래를 교체해주는 역할이었죠. 또 환자들이 맞고 있는 링거액이 다 소진되지 않도록, 1시간 단위로 체크하여 차트에 기록했습니다.

　실은 '내 강아지가 아닌 다른 강아지 혹은 고양이들의 배변 정리를 잘 해낼 수 있을까?'라는 걱정을 품고 첫 출근을 했습니다. 그래도 입원실 안에서 까만 눈망울로 올려다보는 강아지 환자들을 보고 있노라면, 그 어떤 힘든 일이라도 잘 견뎌낼 수 있을 것만 같았습니다.

　한번은 점심을 먹고 들어왔는데 어디선가 진한 청국장 냄새가 나는 게 아니겠어요. 이게 무슨 냄새지? 하고 킁킁 거렸는데…. 냄새의 주인공은 바로 중환자실의 마리였습니다. 노란 털이 무척 매력적인 믹스견 마리. 병실 안에다 설사 똥을 누고 갖은 칠갑을 한 마리는 유독 더 노랗게 보였습니다.

　환자들의 배변 정리는 온전히 내 몫이었기에, 마리의 응가 냄새가 났지만 모두들 내가 올 때까지 기다린 것이었습니다.

　내가 오기만을 기다렸다니! 마리가 오물 범벅이 되어 있는 걸 보니, 억장이 무너지는 듯했습니다. 내가 마리의 보호자였으면 정말 슬펐을 겁니다. 마리의 엉덩이와 네 발을 물로 깨끗이 씻어주고, 병실 안의 냄새를 말끔히 제거했습니다.

　여기에 나를 더 슬프게 만든 결정적인 계기가 있었습니다. 아무래도 병원이라는 특수환경 때문에 죽음이라는 것에 더 노출될 수밖에 없었는데, 이것이 나를 깊은 절망 속에 밀어 넣었습니다.

간밤에 무지개다리를 건넌 고양이 환자를 발견했을 때, 화장실에서 얼마나 울었는지 모릅니다. 붕대로 겹겹이 감겨서는 사체처리업자가 데리고 갈 때까지 차가운 진료대 위에 놓여 있었는데…. 이 환자를 보고 있으니 얼마나 더 많은 죽음을 견뎌야 하는지 상상되어, 가슴이 아려 왔습니다.

죽음을 자주 대해야 하지만 나는 단단한 사람이 아니었습니다. 악몽에 자주 시달리고, 온몸에서 기운이 빠져나가는 것만 같았습니다. 퇴근 후 디디와 산책하러 나갈 힘도 없어서, 옥상에서 간단히 콧바람만 쐬게 해주기도 했습니다. 밥도 잘 먹지 못하고 애꿎은 맹물만 마셨습니다.

입원했던 강아지, 고양이 환자들은 금세 건강을 되찾고 퇴원했습니다. 이와 반대로 오랜 기간 입원해야 하는 환자들도 있었습니다. 고양이 소금이도 같은 경우였습니다. 이름만큼이나 하얀 털과 초록빛 눈매가 아름다운 고양이였는데, 뭔가 이상한 점이 있었습니다. 소금이는 배변용 모래 위에 누워서 아무런 미동을 하지 않았습니다. 나중에 다른 선생님들에게 물어보니, 무지개다리 너머로 떠나갈 때가 되어 식사를 거부하고 산소 호스로만 겨우 생명을 유지한다고 했습니다. 그러고 보니 소금이의 정수리에 부착된 산소 호스가 눈에 들어왔습니다. 콧잔등까지 이어진 산소 호스. 이런 노력에도 소금이는 가만히 죽음을 기다리는 눈빛이었습니다.

며칠 후, 소금이의 보호자가 저녁 늦게 병원을 찾았습니다. 이전 같았으면 아침이나 낮에 방문했을 보호자였는데, 오늘은 뭔가 달라 보였습니다. 그날만큼은 기력이 없던 소금이도 애달프게 울음소리를 냈습니다. 선생님들이 눈짓하면서 자리를 비켜주어서, 나도 덩달아 병실을 나왔습니다.

선생님들은 내게 소금이가 곧 안락사된다고 말했습니다. 그리고 침묵의 시간이 흘렀습니다. 배변 정리야 얼마든지 참을 수 있었는데…. 도무지 안락사만큼은 견딜 수가 없었습니다.

"선생님, 죄송합니다. 저, 그만두겠습니다."

나는 원장님을 찾아가 그만 울음을 터뜨리고 말았습니다. 다른 선생님들은 내가 겪은 과정을 이해하시고 도리어 위로해주셨습니다. 오늘 밤이 지나면 소금이의 병실이 비어 있을 테고, 또 다른 환자들의 죽음을 관찰할 텐데 그걸 견딜 마음의 준비가 되지 않았습니다. 동물병원은 생명과 죽음에 가까워야 하는 걸 잘 알고, 마음을 단단히 먹었지만, 내가 이렇게 빨리 무너질 줄은 몰랐습니다.

저녁 10시. 소금이의 안락사가 진행될 시간. 나는 짐가방을 챙겨 동물병원 밖으로 나왔습니다. 내가 포기한 이 길을, 다른 분들은 견디어내고 있는 게 대단하다는 생각이 들었습니다. 그리고 마음속으로 소금이의 명복을 빌었습니다. 세상에는 아직도 더 많은 소금이들이 있겠지요. 부디 다정한 손길 안에서 평온한 마지막을 맞기를.

이렇게 나는 2주 만에 동물병원에서의 삶을 마무리 지었습니다.

그럼
펫시터는 어때?

PART 2

인생 2막,
펫시터로 승부한다

펫시터는 뭘 하는 사람인가요?

우리나라에는 동물 관련 직업이 아직 생소한 편입니다. 펫시터와 도그워커에 대해 알고 있는 사람이 많지 않습니다. 그렇지만 동물 복지에 대한 인식이 차츰 높아지고 있습니다. 이에 따라, 펫시터라는 직업이 주목받고 있습니다. 펫시터라는 직업은 정년이나 은퇴도 없고, 계속 경력을 쌓아가는 블루오션 직업입니다.

펫시터는 도그워커라는 직업의 범주 안에 들어가 있습니다. 도그워커(Dogwalker)는 전문적으로 강아지의 산책과 핸들링(강아지의 산책을 자유자재로 조절하는 능력. 운전할 때 사용하는 "핸들"처럼, 강아지들과 산책할 때 방향을 조정해주기도 하는 능력인 셈이지요)을 다루는 사람입니다. 도그워커는 이름에서 느껴지다시피 산책을 전문으로 합니다.

이에 반해 펫시터는 좀 더 세부적인 영역까지 맡습니다. 산책이 어려운 강아지 친구들을 돌보거나 환자견의 투약을 돕기도 하고, 배변패드 교체와 간단한 실내놀이 등 다양한 임무를 수행합니다.

세심한 돌봄들을 다루다 보니 관찰력과 꼼꼼함이 요구됩니다. 평소에 한 꼼꼼 소리를 들으시는 분께 딱 맞는 직업입니다. 이렇듯 펫시터는 보호자의 돌봄 의뢰를 받아, 보호자를 대신하는 돌봄 활동을 합니다. 즉 사람으로 말했을 때 베이비시터라고 한다면, 이번엔 동물 버전으로 바꾸어 베이비시터가 된다고 이해하시면 됩니다.

이번에는 펫시터의 종류와 고용 형태를 알아볼까요? 그래서 내게 맞는 펫시터 일이 무엇인지 선택하는 데 도움이 되길 바랍니다. 특히 펫시터가 하는 일을 잘 살펴보셔서, 나중에 펫시터 일을 막 시작하려 할 때 나만의 체크리스트로 활용해보세요.

펫시터의 종류

1. 방문 펫시터

보호자의 가정집에 방문하여 강아지에 대한 각종 돌봄 서비스를 제공합니다. 더러 낯선 환경에 노출되면 불안도가 높아지거나, 스트레스를 받는 강아지들이 있습니다. 아니면 애견 호텔에 맡기는 것보다, 본인의 가정에서 돌봄을 받는 것이 더 안심되는 보호자도 있답니다. 이런저런 이유에서 보호자들이 방문 펫시터를 찾습니다.

직장인 보호자들도 펫시터를 많이 찾습니다. 회사에서 갑작스레 야근이나 미팅이 잡히고 퇴근이 늦어지는 경우 등 불가피한 상황에서 요청합니다. 이럴 때 방문 펫시터가 정리 정돈과 산책, 실내놀이, 맘마 챙김까지 다 해주면 얼마나 감사한지요!(내가 보호자일 때 겪었던 경험담이랍니다.^^)

2. 위탁 펫시터

이번에는 보호자가 펫시터의 가정에 동물을 맡기는 돌

봄 형태입니다. 보호자가 출장, 여행, 입원 등으로 오랜 시간 집을 비워야 할 경우에 위탁 펫시터를 신청합니다.

가정 같은 분위기에서 돌봄 받길 원하는 보호자가 선호하는 편입니다. 낯선 환경이라도 전문 펫시터가 상주하며 계속 관찰하기 때문에, 동물이 갑자기 아프거나 응급 상황이 발생하더라도 민첩하게 대처할 수 있는 장점이 있습니다.

더군다나 내가 사는 동네의 이웃이, 우리 강아지를 사랑해주는 펫시터라는 게 얼마나 큰 위로가 되는지요. 산책 돌봄 때도 내가 강아지와 항상 함께 걷던 산책길을, 펫시터가 대신 산책해주니 고마워도 이렇게 고마울 수 없답니다.

펫시터의 고용 형태

1. 펫시터 전문 업체에 입사하기

초보 펫시터라면 아무래도 전문 업체에 소속되어 활동하는 것을 추천해 드립니다. 펫시터로 활동하려면 뭐부터 시작해야 할지 헷갈리는 것 투성이거든요. 게다가 스스로 홍보 활동도 해야 하고 돌봄 용품들도 일일이 다 구비해야 하니까, 생각보다 일이 많다고 생각할 수 있습니다. 나는 여러 가지 고민하는 게 번거롭기도 하고, 새로운 강아지 친구들을 만나볼 수 있는 기회의 폭을 넓혀보려 펫시터 회사에 입사 지원서를 작성했습니다.

펫시터 회사에 입사하면 인지도의 힘을 경험할 수 있습니다. 내가 홍보에 큰 노력을 들이지 않아도, 계속해서 돌봄 요청이 들어오는 건 아주 큰 메리트입니다. 새로운 품종의 강아지를 만나는 기회가 생기거나, 우리 강아지와는 다른 성향의 강아지를 만나며 경험치를 계속 쌓아갈 수도 있습니다. 경험의 폭을 늘리기 위해서 펫시터 전문 업체에 입사하는 건 어떠신가요? 활동 중에 단골 보호자가 생긴다면 새로운 돌봄을 해야 하는 긴장감도 덜어지고, 아는 강아지와 자주 만나게 되니 편안한 분위기 속에서 돌봄을 지속할 수 있습니다.

대신 중개 수수료가 발생하는데 업체마다 수수료율이 다르기 때문에 잘 알아보셔야 합니다. 펫시터 상해보험에 가입된 회사도 있고, 돌봄 용품을 대여해주는 대가로 보증금을 받는 곳도 있습니다. 대여해주는 돌봄 용품의 종류도 서로 다릅니다.

자세한 사항은 각 회사 사이트에 나와 있는 채용 공고와 절차들을 살펴보시길 바랍니다. 내게 맞는 펫시터 업체에 입사하셔서 전문가로의 발걸음을 준비해보세요. 펫시터 업체는 도그메이트, 와요, 페펨, 펫트너, 온마음펫시터, 이웃집펫시터 등이 있습니다. 인터넷에서 펫시터 업체를 검색하면 여러 군데가 있으니 잘 찾아보세요.

2. 프리랜서나 개인사업자 등으로 활동하기

처음부터 프리랜서나 개인사업자등록을 하여 활동하는 분도 있지만, 전문 업체에서 펫시터 활동을 하다가 어느 정도 노하우가 생긴 분들이 나중에 독립적으로 프리랜서 펫시터가 되기도 합니다. 숨고, 크몽, 당근마켓 등 프리랜서 마켓 사이트를 활용하거나 블로그와 인스타그램 등의 SNS에서도 홍보합니다.

책임감과 신뢰감이 중요하므로 풍부한 경험과 꾸준한 자기 계발이 필요합니다. 동물에 관해 공부하고 경험을 쌓아가며, 때로는 전문 세미나 등에 참석해 교육도 받습니다.

우리나라는 펫시터에 대한 인식이 인제야 개선되고 있는 상황입니다. 그래서인지 프리랜서 마켓 사이트에 펫시터를 검색하면 아직까지도 비전문가들이 수두룩합니다. 펫시터를 알바라고 생각하는 것이지요. 전문성이 결여된 사람들이 우리 강아지를 돌보아준다는 게 얼마나 위험한 일인지요!

가격이 저렴하다고 하여 무턱대고 비전문가에게 강아지를 맡겼다가는 큰일이 납니다. 능숙하지 않은 핸들링 때문에 우리 강아지의 줄을 놓쳐 산책 중에 잃어버리거나, 지나가는 도로에 강아지가 뛰어드는 사고가 벌어지는 등 여러 사건 사고를 들은 바가 있습니다.

여러분은 전문가가 되실 테니, 꼭 신뢰감과 책임감으로 똘똘 무장해주시길 바랍니다.

사업자가 되면 이런 마음이 들 수 있습니다. 바로 "나＝회사"라는 사명감 말입니다. 까닭에 언제나 건강 관리에 주의하셔야 합니다. 튼튼한 건강 상태여야 우리 강아지들과 활달하게 산책하고 놀아줄 수 있으니까 말입니다.

추가로, 쌓이는 경험을 활용해 나만의 돌봄 체크리스트를 늘려나가시면 보호자에게 더욱 신뢰감을 줄 수 있습니다. 어떤 돌발 상황에서도 의연하게 대처할 수 있는 펫시터가 될 수 있습니다.

펫시터가 하는 일

🐾 맘마그릇과 물그릇 세척하기

　사람이 사용하는 세제는 절대 사용하지 않습니다. 물로만 세척하거나 베이킹소다와 같은 천연 세제를 사용해주세요. 세척 후에는 잔여 세제나 이물질이 남아있지는 않은지 한 번 더 살펴보세요. 또 사람용 수세미와 강아지용 수세미를 구분해 사용할 수 있어, 돌봄 전에 보호자에게 물어보세요.

🐾 깨끗한 맘마와 물 먹이기

　물기가 남아있는 그릇에 사료를 붓는다면 눅눅해지겠죠. 세척한 그릇의 물기는 잘 닦아서 급여해주세요. 나는 산책 전에 미리 그릇을 세척해놓고, 산책 후에 다 마른 그릇에다가 사료를 급여해줍니다.

　가정에 따라서 나이, 질병 유무, 체중 관리 등의 이유로 맘마의 급여 방법이 달라질 수 있습니다. 건식 사료를 주기도 하고, 습식 사료를 주기도 하고, 산책 전에 미리 맘마를 먹이기도 하고. 각 가정마다 급여 방법이 참 다양합니다. 아픈 강아지의 경우에는 맘마를 부드럽게 으깨 숟가락으로 떠먹여 주기도 합니다.

🐾 산책하기

돌봄 중 가장 많은 시간이 할애됩니다. 펫시터를 찾는 대부분의 보호자가 산책 돌봄을 요청합니다. 노령견이나 다리를 수술했던 경험이 있던 강아지 등은 개모차(강아지들이 타는 유모차)를 사용할 수도 있습니다. 어린 강아지들은 산책 흥분도가 높아서 자칫 산책줄을 놓칠 수 있으니, 산책 전에 줄이 제대로 고정되어 있는지 반드시 점검해주세요.

강아지의 산책 흥분도가 지나치게 높으면 더 이상의 진행이 어려울 수 있습니다. 산책 중에도 다른 사람을 물려고 달려드는 등의 위험 행동을 하게 된다면, 안전사고를 대비해 귀가시키는 게 좋습니다.

🐾 배변 정리

배변 정리는 최대한 돌봄이 끝나갈 무렵에 진행하는 것이 좋습니다. 돌봄이 시작되면서 배변 정리를 깨끗이 해놓

앉는데 강아지가 갑자기 응가를 해버린다면!^^; 배변패드
가 어디에 있는지, 여분의 양이 얼마나 되는지 미리 파악해
주세요. 혹시나 배변패드가 부족할 경우를 대비하여 패드
1~2장 정도를 지참하는 것이 좋습니다. 다리가 짧은 품종
이나 어린 강아지들은 엉덩이에 배변이 묻기도 합니다. 그
러니 배변 후 엉덩이 주변이 깨끗한지 한 번쯤 관찰해주세
요.

🐾 간단한 투약

  아픈 강아지들의 투약이 필요할 때 펫시터를 부르기도
합니다. 하루 3번 투약해야 하는 강아지이거나 보호대를 채
우고 실내 산책을 진행해야 하는 경우 등 다양한 상황에서
펫시터의 돌봄이 필요하지요.

  기본적인 투약 방법에 대해서는 전문가의 도움을 받아
꼭 익혀두시기 바랍니다. 더욱 정확한 방법은 내가 평소에
자주 가는 단골 동물병원에 방문하셔서, 어떻게 투약하는
지 전문가를 통해 알아두세요. 다만 주사기를 사용하는 의
료 행위는 불법으로 금지하고 있습니다. 가루약, 알약, 안
약, 연고 등 의료 행위가 아닌 것만 펫시터의 돌봄 영역에
속해있습니다.

🐾 실내놀이

산책을 다녀와서 맘마까지 다 먹은 강아지 친구들이 제일 좋아하는 시간입니다. 공을 던지고 물어오기(공놀이), 터그놀이, 노즈워크놀이 등 여러 가지 놀이를 통해 스트레스를 해소합니다. 이때 강아지들이 얼마나 해맑게 웃는지, 펫시터도 덩달아 즐거워지지요.

한 가지 더 말씀드리자면, 강아지들과 놀아줄 때는 반드시 평소에 잘 섭취하는 간식만 사용해주세요. 펫시터가 따로 가져온 간식은 이동 중에 변질하였을 우려도 있고, 낯선 음식을 먹은 강아지가 갑자기 컨디션이 안 좋아졌다는 등의 클레임이 발생할 수 있답니다.

🐾 기타

갖가지 창의적인 방법들을 고안하여 돌봄에 적용할 수도 있습니다. 요즘에는 펫마사지, 펫아로마테라피 등 다방면으로 도전하는 펫시터들이 늘어나고 있습니다. 이런 전문가들이 펫시터로 일하며 돌봄 서비스에 전문 지식들을 접목하고 있습니다.

그 밖에 펫 마사지기로 강아지들의 슬개골이나 딱딱한

근육을 풀어줄 수도 있습니다. 미용실, 동물병원에서 픽업하여 산책하듯 귀가시키는 산책 돌봄도 있답니다.

앞으로 펫시터의 활동 영역은 무궁무진하게 확대될 것으로 예상됩니다.

강아지를 길러본 분이라면 펫시터가 하는 일들을 보고서, 오히려 자신감이 생길 것 같습니다. 개육아 몇 년 차를 해본 사람이면 누구나 경력직 펫시터이니까요. 개육아의 연장선으로 펫시터의 업무가 이어진다고 보시면 됩니다. 그러니 자신을 갖고 펫시터에 도전해보세요. 많은 강아지들이 여러분의 손길을 기다리고 있답니다.

앞으로 잘 부탁한다 멍!

펫시터하면 **얼마를 벌까요?**

펫시터로 활동하며 가장 많이 듣는 질문은 "펫시터하면 얼마 벌어요?"입니다. 펫시터가 시간 대비 고소득을 올릴 수 있다는 여러 기사들과 SNS의 글을 읽고 도전하는 분들도 물어보십니다.

결론적으로 펫시터의 수입은 "하는 만큼 번다"라고 말할 수 있습니다. 물론 스타 훈련사님이나 반려동물용품과 간식 회사를 크게 운영하는 분과 비교할 수는 없겠지요. 하지만 펫시터는 무자본으로 창업할 수 있는 최적의 직업입니다. 펫시터이기 이전에 강아지 집사로서 갖추고 있는 용품들이 많기 때문에, 추가로 들어가는 비용도 매우 적습니다.

예를 들어, 펫시터로 활동하다가 배변봉투가 다 떨어졌다고 가정해봅시다. 만약 다른 직업을 가지고 있다면 당연히 돈을 주고 새 용품을 사야 합니다. 하지만 우리는 그럴 필요가 없습니다. 왜냐하면 우리집 강아지가 사용하는 배변봉투가 있으니까요!

펫시터로 일하며 들어가는 소모품들은 대부분 우리 강아지에게 사용하는 용품들로 호환됩니다. 그러니 소모품을 추가로 사야 하는 부담도 적고, 꾸준히 수입을 늘려나갈 수 있습니다.

펫시터를 부르면 얼마가 드는지 아시나요? 펫시터 업체마다 다르고, 개인사업자로 활약하는 펫시터마다 다릅니다. 그래도 평균적으로는 20,000~40,000원 선에서 1시간의 돌봄 비용을 받고 있습니다.

생각보다 꽤 짭짤하지요? 여기서 펫시터 업체에 소속된다면 커미션(중개 수수료)이 발생합니다. 부가세 10%도 포함되고요. 소득세도 포함됩니다. 여기에는 돌봄을 위해 이동하는 교통비도 포함되어 높게 책정된 것이랍니다.

그렇다면 펫시터로 활동할 때 예상되는 수입과 비용을 구체적으로 알아 볼까요?

🐾 펫시터로 활동하게 될 때 발생되는 예상 수입

- 시간당 비용 20,000~40,000원
- 중형견, 대형견일 경우 3,000~5,000원의 추가 요금 발생
- 고양이 또는 기타 다른 동물들의 돌봄이 필요한 경우에는 3,000~5,000원의 추가 요금 발생
- 한 마리가 아니라 여러 마리의 강아지들을 돌보게 될 때, 마리 당 8,000~10,000원의 추가 요금 발생
- 정해진 시간이 지난 후, 시간을 연장하게 된 경우에는 10,000원~20,000원의 추가 요금 발생
- 이외에도 팁 등으로 얻어지는 부수입 등

🐾 펫시터로 활동하며 나가는 지출 비용

- 대중교통이나 자차로 이동하는 유류비 등(체감상, 이동 수단에 들어가는 비용이 가장 큽니다)
- 배변봉투나 물티슈 등의 소모품 구입비
- 촬영도구, 예비용 산책줄, 강아지용 물병 등 펫시터에게 반드시 필요한 용품들에 들어가는 고정비용
- 보호자의 집이 유료 주차장일 경우에 발생되는 주차비
- 중개 수수료(펫시터 업체 커미션), 부가세, 소득세 등 세금들

• 이동하는 동안 간단히 식사하는 비용 등

이런저런 수입과 비용을 계산해보면 대략 얼마나 남게 될 지에 대한 답이 나올 겁니다. 어떤 펫시터는 SNS 활동을 통해 적극적으로 홍보하며 수입을 늘려 나갑니다. 또다른 펫시터는 전업으로 일하면서 직장인 월급 이상의 수익을 벌어가기도 합니다.

모든 일은 자신이 하기 나름이라지만 펫시터는 더욱 그러하답니다. 우리 강아지를 잘 보살펴준 펫시터에 대한 신뢰 때문에, 계속 같은 펫시터를 부르는 단골 보호자들도 있고요. 지인을 통해 입소문을 타, 아는 분들의 강아지들을 돌보고 펫시터로 활동하며 수입을 늘려나가는 분도 있습니다. 가지각색으로 활동하며 수입 범위를 넓혀가시면 됩니다.

직장과 병행하는 펫시터도 생각보다 많습니다. 퇴근 후 1건씩만 하더라도 5일X4주=20건의 돌봄으로 꾸준한 부수입을 얻을 수 있거든요. 그게 부담스러우시다면 주말만 일해보시는 건 어떠세요? 주말에 캠핑이나 여행, 지방에 있는 본가로 내려가는 보호자들이 꽤 많거든요. 안전하게 직장을 다니면서 펫시터로의 커리어도 함께 쌓고. 그야말로 일석이조인 셈이지요.

　무엇보다도 자기에게 적합한 시간대와 여건을 잘 따져 보시는 게 관건입니다. 부디 오랫동안 펫시터로 일할 수 있도록 내가 가장 잘 활동할 수 있는 시간을 고민해보세요.

귀여운 날 보고
돈도 벌 수 있다구!

우리집에 와 주세요, 펫시터님~

"펫시터님! 이번 주말에 여행을 가서 그런데 와 주실 수
 있나요?"

"네~ 그럼요.^^ 몇 시에 가면 될까요?"

"오후 8시 괜찮을까요? 점심때쯤 출발하려고 해서요."

"그럼 오후 8시까지 가겠습니다. 용품들 위치는 전에 방
 문해 드렸을 때랑 똑같으신 거죠?"

"네. 그대로예요."

"입실할 때 사용할 도어록 비밀번호도 그대로 ○○○이
 신가요?"

"네. 맞습니다."

"알겠습니다. 출발하면서 다시 연락드리겠습니다.^^"

펫시터가 되면 강아지들과 소통할 일이 많을 거로 생각
하시나요? 실은 그보다 보호자들과의 소통이 더 활발하게
이루어진답니다. 방문하기 전에 돌봄에 필요한 사항들을
이것저것 살펴야 하기 때문입니다. 그렇다면 이쯤에서 궁
금한 점이 하나 생깁니다. 대체 어떤 사람들이 펫시터를 부
를까요?

펫시터 서비스를 요청하는 보호자들

🐾 직장인 보호자

야근이나 갑작스러운 회식, 저녁 미팅 등으로 강아지를
돌볼 수 있는 여력이 부족해, 펫시터의 돌봄 서비스를 요청
합니다. 나는 직장에 다녔을 때 펫시터 서비스가 있는지도
몰랐고, 다른 사람에게 내 강아지를 맡기는 것에 대해서 잘
신뢰하지 못했습니다. 그렇지만 강아지가 집에서 10시간
넘게 혼자 있어야 하는 사실이, 어찌나 불안하고 초조하던
지요. 급작스레 야근이 잡혀 자정이 넘는 시간에 퇴근하면,

너무 피곤해서 산책은커녕 밥과 물만 주고 쓰러져 잠들었습니다. 미안한 감정 때문에라도 뭔가 대책을 마련해야 하겠다는 생각이 들었습니다.

나중에 펫시터 서비스를 알고 나니 신세계가 열리더군요. 나를 대신해 산책도 해주고 밥과 물을 주며, 심지어 퇴실 후에 남아있을 우리 강아지가 심심하지 않도록 장난감도 만들어주는 펫시터. 나처럼 펫시터를 찾는 직장인 보호자의 비중이 점차 늘어가는 추세입니다.

대신에 돌봄을 진행하는 중에는 보호자가 바쁜 시간이라 연락이 잘 닿지 않을 수 있습니다. 돌봄에 필요할 만한 것들을 미리 물어보고 기록해두세요.

🐾 국내외 여행으로 집을 비우게 될 때

마찬가지로 나는 퇴사 후에 베트남으로 해외여행을 가게 되면서 펫시터 서비스를 이용했습니다. 그런데 시차가 있다 보니 펫시터와의 즉각적인 소통이 쉽지 않았습니다.

만약 해외여행을 하는 보호자의 강아지를 맡게 될 때는, 시차가 얼마나 되는지 꼭 알아두시길 바랍니다. 보호자가 해외에 있더라도, 가족이나 친구 등 국내에서 비상 연락망으로 사용할 수 있는 분들의 연락처도 알아두세요.

마찬가지로 국내 여행을 가는 보호자일지라도 비상 연락처를 알아두는 것이 좋습니다. 단골로 방문하는 동물병원의 위치와 연락처도 알아두세요.

몇 박 며칠 일정인지도 알아두어서, 보호자가 없는 긴 시간 동안 강아지들이 외로워하지 않을 만한 것이 무엇일까 고민해보세요. 강아지가 좋아하는 음악을 잔잔하게 틀어 놓는다든지, 오래 씹어 먹을 수 있는 껌을 집 안 곳곳에 숨겨놓는다든지, 다양한 활동을 통해 스트레스를 해소할 수 있습니다.

🐾 병원에 입원하는 보호자

불의의 사고로 입원하게 된 보호자는 홀로 집에 남아있을 강아지들에게 애틋할 수밖에 없습니다. 주변에 도움을 요청할 수 있는 가족, 친구, 지인 등이 있다고 할지라도 보호자가 해주는 것만큼은 잘해주지 못할 수도 있고요. 그래서 전문가의 도움이 필요하다고 여기며 펫시터를 부르곤 합니다.

나는 이번에도 여기에 속한 사례인데요. 교통사고를 당해 급하게 입원하면서 강아지를 돌봐줄 사람이 없었습니다. 가족들은 저마다 다니는 직장이 있어 맘마와 물을 챙겨

줄 수는 있어도, 산책까지 시켜주기에는 무리가 있었습니
다.

펫시터에게 산책 돌봄을 요청했는데 만족도가 200%였
답니다. 펫시터는 노령견이었던 우리 디디를 배려했습니
다. 계단에서는 다리가 아프지 않게 펫시터가 안아 들어 이
동하고, 산책 중에는 강아지의 발걸음 속도에 맞춰 천천히
걷게 해주었습니다. 펫시터가 보내온 돌봄 영상을 보며 크
게 안심했었지요.

병원에 입원하며 돌봄을 요청하는 사례도 있으니, 치료
중인 보호자가 안심하도록 정성껏 돌보아주세요.

🐾 투약이 필요한 강아지가 있을 때

앞선 사례들처럼 여러 사정으로 귀가가 늦어지는데 강
아지의 투약이 필요할 때가 있습니다. 특별히 심장사상충
과 같이 제때 약을 먹어야 튼튼해지는 강아지의 경우가 그
러합니다. 이런 친구들은 보호자가 건강 관리에 상당히 신
경을 쓰고 있습니다.

그러나 주삿바늘을 꽂거나 링거를 맞추는 등 의료진이
아닌 사람이 의료 행위를 하는 것은 절대 금물입니다. 펫시
터로 수행할 수 있는 범위는 의료 행위가 아니라 투약 도움

입니다.

　일반적으로 가루약을 처방받기 때문에 투약을 하는 게 어렵지 않습니다. 여러분이 키우시는 강아지들에게 투약할 때와 비슷합니다. 가루약은 물이나 사료, 간식 등에 곱게 풀어 주세요. 아니면 바늘이 제거된, 약물이 담긴 주사기를 입술 주변으로 살살 흘려주세요. 그러면서 목 주변을 가볍게 살살 쓸어주면 꿀꺽꿀꺽 삼키게 됩니다. 단, 강아지의 고개를 너무 젖혀 버리거나 강제로 물약을 먹이게 되면, 기도 뒤로 약이 넘어가 버릴 수 있으니 조심해야 합니다.

　이외에도 펫시터를 부르는 경우는 많습니다. 어떤 때는 너무 어린 강아지라, 다른 사람과의 산책을 경험하게 하고 싶어서 펫시터를 부르기도 합니다. 가슴 아프지만 부득이하게 자리를 비우는 바람에, 거동이 불편한 강아지가 온종일 누워 있느라 젖어있는 이부자리를 정리하기도 하지요.

　모든 예약이 들어와도 의연해질 수 있도록 차츰 경험치를 쌓아가는 게 중요합니다. 많은 수의 예약이 있는 것처럼 많은 수의 보호자와 사연들이 존재하는 것이니까요. 펫시터가 필요한 다양한 사람들이 있다는 것만 기억해주세요.

　여러분은 정말이지 댕댕이 세상에 필요한 존재들입니다!

펫시터 면접! 어떤 걸 물어볼까요?

펫시터 업체에서 일하기로 결심한 당신. 펫시터 회사 사이트에서 열심히 입사지원서를 작성한 결과, 서류 합격의 쾌거를 이루었습니다. 여기서 잠깐! 이제 두 번째 관문인 면접이 남았는데요. 이번에는 면접에서 어떤 걸 물어보는지 알아야 잘 대비할 수 있겠지요? 펫시터가 되기 위한 면접에서는 대체 어떤 것들을 물어볼까요?

🐾 펫시터 면접에서 자주 물어보는 질문들

1. 현재 반려동물을 기르고 있나요?

2. 반려 기간은 얼마나 되나요?

3. 반려 중 문제 행동이 발생했을 때 어떻게 대처했나요?

4. 다른 강아지나 동물들의 돌봄을 대신해 준 경험이 있나요?

5. 노령견을 돌보거나 아픈 강아지를 간호한 경험이 있나요? 약을 먹였다면 어떤 방법으로 했나요?

6. 산책할 때 어떻게 하는 편인가요?

7. 동물보호소 등 동물 관련 봉사활동을 해 본 적이 있나요?

8. 다른 펫시터 업체에서 펫시터로 일해보거나, 개인사업자(프리랜서)로 일해본 적이 있나요?

9. 평소에 체력 관리나 스트레스 해소는 어떻게 하시나요?

10. 반려동물 전문가가 되기 위해서 어떤 노력을 하셨나요?

11. 안전사고가 발생했을 때 대처해 본 적이 있나요?

12. 펫시터로 일할 수 있는 시간과 일할 수 없는 시간이 정해져 있나요?

13. 이전에 펫시터로 일해본 적이 있나요? 펫시터는 무슨 일을 하는 사람이라고 생각하나요?

14. 흥분한 동물들을 어떻게 다루어야 할까요?

펫시터 업체에 따라 어떤 회사에서는 훈련사님이 면접을 진행하실 수도 있고, CS 담당자님이나 운영팀장님 등 회사 관계자분이 진행하실 수도 있습니다. 대개는 그룹 면접보다 일대일 면접을 통해 더욱 상세한 내용들을 듣고 싶어 하십니다. 아무래도 반려 경험에 개인적인 내용이 섞여 있기도 해서 개별 면담을 주로 진행합니다.

나는 고양이 돌봄까지 가능한지 질문을 받았습니다. 물론 자신 있게 가능하다고 했지만, 반려경험이 회사의 기준보다 낮아서, 면접관들이 보기에 고양이 펫시터로의 역량은 부족하다고 판단되었습니다. 그래서 일단 강아지 펫시터를 하기로 했습니다. 고양이도 함께 기르는 보호자의 강아지를 돌보면서 역량을 기르기로 약속하면서 말입니다.

펫시터가 되면 강아지와 고양이 모두를 돌볼 수도 있고, 그렇지 않을 수도 있습니다. 내가 할 수 있는 만큼 고양이 펫시터나 강아지 펫시터만 지망해도 괜찮습니다. 앞으로 돌봄을 해나가며 경험치를 쌓아가면 되니까요.

일반적으로는 반려 경험에 관한 질문이 많습니다. 반려 경험이 3년 이상 되었다 해야, 그나마 개 좀 길러보셨다고 하는 느낌을 받을 수 있습니다. 흔히들 회사에서도 신입 사원이 3년 정도 일했다 싶으면 어느 정도 경력자로 인정해주잖아요. 마찬가지입니다. 반려 경험이 풍부한 집사일수록 훌륭한 펫시터가 될 수 있지요.

나는 반려 경험에 대해 우리 디디 이야기를 참 많이도 했습니다. 디디는 2001년생이었는데, 면접을 볼 당시만 해도 건강한 초 노령견이었습니다. 그간 아플 때마다 어떻게 돌보았는지, 예전에 출산했을 때는 어떻게 개육아를 해내었는지 등의 이야기들을 상세히 풀어 말했습니다. 이런 까닭에 어린 강아지부터 나이가 많은 강아지들까지 폭넓게 대할 수 있다는 점을 밝혔답니다.

반려 경험뿐만 아니라 유기견 보호소나 캠페인 활동 등 다방면으로 활동한 것들이 있다면, 더할 나위 없이 좋지요. 돌봄과 관련된 경험이라면 무엇이든지, 여러분의 강점이 될 수 있습니다. 모든 경험이 정말 큰 자산이 되는 것이지요.

나는 지금껏 개를 기르는 게 커리어에 무슨 도움이 될까? 하며 살아왔었는데, 펫시터 면접을 보면서 "아~ 이때를 위해서 다 준비된 것이었구나!" 라는 생각이 들었답니다.

한 가지 더 말씀드리고 싶은 점은, 반려동물 전문가가 되기 위해 어떤 노력을 기울이고 있는지 고민해보시라는 겁니다. 지금껏 열심히 개육아를 해왔더라도 분명하게 내가 아는 점도 있고, 모르는 점도 있을 겁니다.

이를 극복하기 위해서 어떤 노력을 하셨나요? 전문가가 운영하는 유튜브를 보며 공부하거나 TV에서 전문훈련사들이 설명해주는 걸 들으셨을 수도 있고요. 아니면 강아지에 대한 책을 읽으며 독학을 하셨을 수도 있지요. 각자 지식을 습득하는 법은 다르지만, 충분히 노력하셨다는 걸 아주 잘 이해합니다.

그러니 이 점을 적극적으로 어필해 보이세요. 면접관들이 아는 바보다 부족한 점이 있더라도, 어떻게 공부하며 보완할 것인지 곰곰이 고민한 모습을 보여주세요.

중요한 건, 여러분은 이미 펫시터 자격이 있는 사람이고 살아온 세월을 통해 노하우를 많이 쌓아왔다는 것입니다. 그러니 여러분의 열정을 마음껏 드러내 주세요. 여러분이 베테랑 집사이며 펫시터라는 걸, 우리집 강아지 친구들이 잘 알고 있습니다.

동물에 대해 가지고 있는 선량한 마음씨와 깊은 열정을, 면접 때만큼은 마음껏 뽐내시길 바랍니다.

나도 펫시터인데, 펫시터를 또 불러요?

"펫시터를 불렀는데 별로인 것 같아요."
"펫시터를 불렀는데 감동받았어요."

펫시터 서비스를 이용한 두 명의 보호자. 그런데 후기의 내용이 서로 다른 것 같지요? 한 명은 감사의 글을, 다른 한 명은 아쉬움의 글을 남겼습니다. 같은 펫시터 서비스를 받았는데 서로 다른 느낌을 받았다니. 이유가 무엇일까요?

둘의 차이는 바로 펫시터 서비스를 경험해 본 사람과 그렇지 않은 사람의 차이랍니다. "나도 펫시터를 할 거예요!"라고 말하면서, 정작 펫시터를 불러보지 않았다면 아마 펫시터가 어떤 일을 수행하는지 잘 모를 수 있습니다.

펫시터로 활발하게 활동하면서 경험을 쌓으면 되겠지라고 생각할 수도 있겠습니다만, 펫시터를 불러 본 보호자로서는 달라도 너~무 다른 걸 금방 알아챈답니다.

펫시터 서비스를 이용해 본 보호자들만이 느낄 수 있는 미묘한 차이. 이 차이점을 펫시터로 일하게 될 때 잘 적용해본다면, 나의 탁월함이 잘 빛날 수 있을 것입니다.

펫시터 비용은 대개 1시간을 기준으로 20,000~40,000원 사이로 책정됩니다. 소형견에서 대형견에 따라 비용이 조정되기도 하고, 돌봄 시간이 추가되어 추가 비용이 발생하기도 합니다. 강아지를 한 마리만 맡는 게 아니라 2마리, 3마리 등 다수의 돌봄이 필요하다면 이에 따른 비용도 발생합니다.

이런저런 계산을 해보니 생각보다 돈이 많이 들지요?^^; 이렇다 보니 보호자의 입장으론 펫시터 서비스를 선뜻 결제하기 쉽지 않습니다. 나날이 고공 행진하는 물가를 고려해볼 때 강아지를 돌보는데 들어가는 돈이 아주 크게 느껴지죠.

어때요? 보호자들이 느낄 부담이 크게 와닿지 않나요? 펫시터로만 일할 때는 잘 몰랐던 부분이, 보호자의 관점에서는 아주 명확하게 보이죠. 그런데도 우리 강아지들이 가족이라서, 진심으로 사랑하기 때문에, 펫시터를 부르는 보호자의 마음이 정말 대단합니다.

　보호자의 마음을 잘 이해한다면 이 부담감을 덜어주기 위해서라도, 만족감을 줄 수 있는 펫시터 서비스가 되어야 합니다. 메뉴얼대로만 하는 딱딱한 돌봄으로 비즈니스적인 느낌을 주는 것은 NO! "나는 보호자의 마음을 충분히 이해합니다. 나 역시 동물을 사랑하고 이 일을 좋아하는 만큼, 열심히 사랑을 베풀어줄게요."라는 모습을 보여주세요.

🐾 펫시터를 불러봤을 때 새로 알게 되었던 점

- 평소에 알지 못했던 내 강아지의 새로운 점을 알게 됩니다. 특히 낯선 사람에게 경계하는 태도, 매너, 사회성 등을 객관적으로 파악할 수 있게 됩니다. 나보다 펫시터를 더 선호하는 모습을 보이면 조~금은 질투날 수도 있어요.^^;
- 펫시터가 수행하는 산책, 실내 돌봄을 관찰하며 미처 몰랐던 개육아의 지식을 습득할 수 있습니다. 그렇기에 내 강아지를 사랑할 수 있는 마음도 커집니다.
- 낯선 사람의 냄새를 맡고 산책하러 나가면서 저절로 사회화 훈련이 됩니다.

- 다른 사람이 산책시킬 때 어떻게 반응하는지를 보면서, 기본적인 핸들링 훈련에 대해 알 수 있습니다.

- 내가 사랑해주는 만큼 펫시터가 사랑으로 돌보아주는 것을 확인하며, 보호자와 강아지 모두에게 심리적 안정감을 제공합니다.

- 펫시터가 개인 소장하는 장난감을 들고 와 실내돌봄을 진행하는 것을 관찰하게 됩니다. 이때 새로운 장난감이나 놀이의 종류와 방법 등을 알게 됩니다.

- 내가 미처 신경 쓰지 못한 부분을 펫시터가 발견해주기도 합니다. 예를 들어, 나는 투약이 필요한 강아지를 맡은 적이 있었습니다. 근데 약물의 유통기한이 며칠 지난 것을 확인하고 보호자에게 얼른 알려주었습니다. 보호자는 유통기한이 지난지 모르고 투약하고 있던 것이었죠. 보호자가 눈치채지 못한 부분들을 펫시터를 통해 도움받을 수 있습니다.

- 급하게 잡힌 야근이나 당일 회식 등 직장인으로서 겪는 어려운 상황일 때가 있습니다. 이럴 때 펫시터를 부르면 아주 편리하지요. 지치고 피곤한 컨디션으로 귀가했는데 또 산책해야 할 필요가 없습니다. 보너스로, 펫시터가 정리해 놓은 쾌적한 환경을 확인할 수 있어 기분이 상쾌해집니다.

- 집을 비운 사이에 우리 강아지가 구토를 하거나 다리를 저는 등 이상 행동을 보일 때가 있습니다. 펫시터가 곧바로 단골

동물병원으로 데려가 응급처치를 받게 해줄 수 있답니다. 위급한 상황에서 곧바로 병원으로 이송해 줄 사람이 있다는 게 얼마나 안심이 되는지요!

- 눈에 보이지 않던 헤어볼(털 뭉침 현상)이나 이물질 등을 제거해주어, 환경 개선에 도움이 됩니다.

- 이건 여담입니다만, 내가 펫시터 서비스를 이용했을 때의 일입니다. 돌봄이 끝난 후 펫시터의 영상을 돌려보니 가슴쪽에 매단 카메라의 무게 때문에, 돌봄 영상이 아래쪽만 향했습니다. 펫시터의 허벅지만 보이고 우리 강아지의 모습을 볼 수 없었습니다. 내가 펫시터였을 때는 돌봄 영상을 잘 찍고 있다고 생각했는데…. 보호자로서 다른 펫시터의 영상을 보니 나도 이럴 거로 생각하여 무척 민망했습니다. 잘 만들어진 유튜브 영상까지는 못 찍더라도, 보호자가 확인할 영상의 내용을 고려해 돌봄 영상의 질을 업그레이드시킬 수 있습니다.

- 펫시터들이 강아지의 맘마그릇, 물그릇을 씻으면, 싱크대에 물기 청소가 잘 이루어지지 않은 걸 쉽게 눈치챌 수 있습니다. 센스있게 물기를 샥샥 닦아서 깔끔한 뒷마무리를 해주세요. 다른 펫시터가 청결하게 정리한 것을 본받아, 나도 그러려고 노력 중이랍니다.

제아무리 능숙한 펫시터라도 입장을 바꿔 펫시터 서비스를 받아본다면, 분명 "아! 그때 나도 이렇게 해볼걸"하고 깨닫는 부분이 있을 것입니다. 나 역시 펫시터를 부르는 펫시터로서, 방문해주신 펫시터분들 덕분에 배운 점들이 꽤 많았습니다.

이런 가르침으로, 세심한 배려를 하는 펫시터로 기억되게끔 노력했습니다. 거실 소파 아래에 청소기를 돌려 헤어볼을 청소하기도 하고요. 화장실에 남은 배변 얼룩을 발견해 간단한 물청소를 한 뒤 탈취제를 뿌려놓기도 했습니다. 조금의 친절함이 보호자와 강아지들의 반려 라이프를 행복하게 만드는 데 보탬이 될 수 있습니다.

펫시터 서비스를 이용해보면, 다음 돌봄 때 어떤 점을 보완해야 하는지 발전의 계기가 될 수 있습니다. 먼저 펫시터를 불러보시고 여러분의 개성과 장점으로 똘똘 뭉친 차별화 전략을 세워보세요. 여러분만의 노련함을 쌓아나가며 이런 소리를 듣길 바랍니다.

"이 펫시터님에게는 뭔가 특별한 점이 있어!"

훈련소에서 탭댄스를!

"시작하겠습니다."

신호가 울리고 시험이 시작됐습니다. 잔디밭 한가운데를 직진으로 걸어갔습니다. 이제 고깔을 피해 S자로 돌기만 하면 되었습니다. 3명의 펫시터들이 삑삑이 장난감과 간식을 들고 흔들었습니다.

레트리버 푸푸가 외부 자극에도 흔들리지 않게, 한편으로는 성급한 기운을 내지 않으면서 피해 가야만 했습니다. 삑삑, 여기야, 날 봐, 여기 보자 등 다양한 소리가 등장했습니다. 푸푸는 가던 길을 멈추고 뒤돌아, 펫시터가 쥔 간식을 덥석 삼켰습니다. 리드는 완벽했습니다. 그만큼 푸푸의

식탐도 만만치 않았지만요.

푸푸는 간식을 집어 먹자마자 눈이 휘둥그레졌습니다. 산책 실습 시간이 길어지자, 무척 지쳐있던 터였습니다. 간식의 맛을 알게 된 푸푸는 잔뜩 흥분해선, 줄을 강하게 당기며 간식이 더 없는지 여기저기로 뛰어다녔습니다. 마구잡이로 뛰어다니는 푸푸를 통제하지 못하자, 옆에서 보고 있던 훈련사님이 달려왔습니다.

훈련사님이 요령 있게 줄을 당기고 "기다려"라는 말을 하자마자, 좀 전까지만 해도 날뛰던 푸푸가 바로 흥분을 가라앉혔습니다. 아까 그 푸푸가, 이 푸푸가 맞는지! 갑자기 얌전해진 푸푸에 당황했습니다.

푸푸의 흥분을 가라앉히고 시험이 다시 시작됐습니다. 한 번, 두 번, 세 번. 그러나 푸푸는 세 번 내내 마음대로 뛰어다녔습니다. 이상하다…. 몇 시간 전까지만 잘 되었는데. 대체 왜 이러지?

훈련소에서 산책 실습 시험에 합격을 받아야만 비로소 펫시터 활동을 할 수 있었습니다. 근데 푸푸가 도통 말을 잘 들어주지 않아, 줄곧 해온 노력은 물거품이 된 것만 같았습니다. 훈련소에서 오전에 여러 강아지와 산책 실습을 했을 때만 해도 아무런 문제가 없었습니다. 도베르만, 셰퍼트, 보더콜리 등 여러 대형견들과 산책을 진행했는데, 다들 내 핸들링을 잘 따라왔습니다. 아주 늠름하고 의젓한 강아지들이었습니다.

푸푸는 오후에 있을 시험 시간 전까지 나와 함께 산책 실습을 진행했습니다. 이러던 녀석이 간식을 보자마자 흥분해 시험을 완전히 망쳐놨다니. 푸푸는 내 주변을 뱅글뱅글 돌면서 두 다리에 줄을 감았습니다. 만화영화 〈톰과 제리〉에서 고양이 톰이 밧줄로 꽁꽁 묶인 것처럼 되어 버렸습니다. 꼼짝달싹 못하고 금세 넘어질 것만 같았지요. 내가 반대 방향으로 돌아가며 줄을 풀었는데, 눈앞이 빙빙 도는 것 같았습니다. 나는 훈련소 안을 술 취한 취객처럼 비틀거렸습니다. 정신을 차리고 보니, 어느새 훈련사님이 내 손에 들려있던 줄을 자기 손에 꼭 쥐고 있었습니다. 얼마나 창피했는지요.

이번에는 마지막 기회가 주어졌습니다. 온몸에서 식은 땀이 흘렀습니다. 시작! 신호가 떨어졌고 나는 그 자리에서 콰당하고 엎어졌습니다. 순간 발목이 삐끗하는 것을 느꼈습니다. 나는 다친 다리로 제대로 걷지 못한 채, 푸푸를 진정시키려 다시 탭댄스를 추었습니다. 누가 봐도 우스꽝스

러웠어요. 푸푸야, 제발 진정 좀 하라고~ㅠㅠ

회사에 소속된 펫시터가 되기 위해서는 여러 과정을 거치게 됩니다. 서류 합격, 전문가와의 면접과 인성 검사 등, 이론 교육과 필기시험, 애견훈련소에서의 산책 실기 시험 등을 보게 됩니다. 물론 펫시터 회사마다 과정이 다를 수 있습니다.

애견훈련소에서는 소형견, 중형견, 대형견 등 다양한 크기의 강아지들과 함께 산책을 진행합니다. 나는 진돗개를 길러본 경험이 있어 대형견 산책 실습에도 끄떡없을 거라 자신했습니다. 푸푸와 함께 탭댄스를 추는 크나큰 실수를 저지르고 말았습니다.

그날 저녁, 디디를 안고 펑펑 울었습니다. 개를 20년 넘게 길렀지만 이런 적은 처음이었습니다. 지금까지 훌륭한 집사라고 세워온 자긍심의 탑이 와르르 무너져 버렸습니다. 그래도 나와 같은 실수를 저지른다고 해도 너무 낙심하지 마시길 바랍니다. 왜냐하면 우리에겐 "재수생"이라는 신분이 있지 않은가요.

나는 실수에 부끄러워 숨지 않고, 용기 내 맞서자는 생각을 했습니다. 이렇게 된 이상, 기필코 나는 멋진 펫시터가 되겠다는 다짐을 했습니다.

재시험 때는 다른 기수의 신입 펫시터 지망생들과 함께 했습니다. 잠깐 쑥스러운 느낌도 들었습니다. 그래도 훈련 사님이 몇 번 더 산책 실습을 받고 나면 괜찮아질 거라 격려해주신 덕분에 최선을 다할 수 있었습니다.

시험 때는 재수생인 나부터 시작했습니다. 이번에는 그간 특훈한 결과를 보이리라 다짐한 채 성큼성큼 걸어 나갔습니다. 날씬한 도베르만 아이와 함께 S자 고깔도 잘 지나가고, 펫시터들이 흔들어대는 간식도 무시하며 산책을 완수했습니다.

매우 훌륭한 결과였습니다. 우와! 합격이다! 마치 〈쇼미더머니〉에서 합격 금목걸이를 얻은 것만 같이 기뻤습니다.

부족하면 부족한 대로, 실력을 키워나가면 됩니다. 실전에서 탭댄스만 추지 않으면 되니까요. 탭댄스 따위, 영원히 안녕입니다~

한번의 실패에
좌절하지 말라구 멍!

댕댕이 메리 포핀스의 **비밀가방**

"가방이 왜 이리 무거워요?"

"네~ 펫시터에게 필요한 돌봄 용품들이에요."

"우와! 이렇게 여러 가지 용품들이 필요해요? 그냥 강아
지를 귀여워만 하면 될 줄 알았는데…."

가방 안을 살펴본 PD님이 깜짝 놀라셨습니다. 갑자기
웬 PD냐고요? 오늘은 KBS2TV의 〈생생정보〉에 출연하는
날이거든요. 제작진들이 색다른 직업으로 돈을 벌고 있는
사람들을 탐색하던 중이었는데, 내 펫시터 SNS를 보고 연
락했습니다. SNS에 강아지와 산책하는 일상들을 올렸거든
요. 강아지들과 산책하는 일이 궁금하시다면서 촬영일을

약속했습니다.

미리 보호자께 촬영 허락을 받고, 깜찍한 보스턴 테리어 두 마리와 산책을 시작했습니다. 낯선 사람들과 함께하는 산책이기 때문에, 아이들이 평소보다도 더 신나게 뛸 수 있다는 생각이 들었습니다. 그래서 산책 전에는 하네스와 산책줄이 단단히 고정되었는지, 몇 번이고 체크했답니다. 마침 날이 무더워지기 시작한 6월이라, 아이들이 힘들어할 수 있으니 물병에 시원한 물을 가득 채우고 간식도 잔뜩 챙겨 나갔습니다.

영화 〈메리 포핀스〉에서 유모가 가지고 다니는 커다란 가방과 같이, 내 가방에서도 산책용품들이 쏙쏙 꺼내져 나왔습니다. 줄줄이 나오는 것들이 신기해서인지 PD님이 연신 질문을 했답니다.

만약 우리집 강아지를 산책시키는 거였으면 아주 가벼운 준비로 나갔겠지요. 하지만 방송국에서 취재까지 온 이상, 프로 펫시터임을 증명해야 할 터. 물통, 물티슈, 배변봉투 등 산책에 필요한 온갖 용품을 꺼내 보였답니다. 카메라에 들어온 산책용품들. 그 정체를 하나하나 밝혀드리겠습니다.

펫시터가 준비하는 산책용품들

🐾 수납공간이 있는 가방

산책 중에는 급하게 용품들을 꺼내 써야 하는 상황이 자주 벌어집니다. 강아지가 응가를 했을 때 배변 처리를 위해 몸을 굽히다가, 용품들이 가방 밖으로 와르르 쏟아지는 상황도 있습니다.

이런 상황을 미리 방지하기 위해 수납공간이 넉넉한 가방을 준비하는 것이 좋습니다. 에코백같이 속이 텅 빈 가방을 가지고 있다 하더라도, 그 안에 칸막이로 구성된 이너백을 넣어 사용하면 활용도가 높아집니다. 나는 산책 전용으로 만들어진 가방을 가지고 다니거나, 기저귀 가방, 이너백을 번갈아 가며 사용합니다. 각자 자신에게 맞는 가방을 선택하세요.

🐾 핸드폰/카메라 등 촬영 도구

강아지들과 산책을 하게 되면 온 과정을 촬영하게 됩니다. 촬영한 영상은 돌봄이 다 끝난 뒤에 보호자에게 전달합니다. 그 때문에 촬영에 필요한 핸드폰과 카메라는 필수적으로 지참해야 합니다. 카메라가 광각(정면뿐만 아니라 왼쪽, 오른쪽까지 다 찍을 수 있는 너비)을 얼마나 지원해주는지 잘 고려하고, 카메라를 어디에 달고 촬영할지도 생각해두세요. 일반적으로는 펫시터가 두 손을 자유롭게 사용해야 하므로, 가슴 쪽에 촬영 도구를 설치하고 움직입니다. 시중에 조끼 형태로 된 촬영용 하네스가 나와 있으니, 촬영에 적합한 각도를 참고하시기 바랍니다.

가슴 부근의 착용감이 부담스럽다고 느껴진다면 모자를 쓰고 그 위에 설치하는 헬멧 버전, 시계처럼 손목에 달고 다니는 버전, 가방에 매달고 다니는 버전 등 다양한 형태의 제품들을 둘러보시고 선택하세요. 무엇보다도 펫시터가 활동하기에 불편하지 않고, 보호자가 돌봄 영상을 확인했을 때 부담스럽지 않은 촬영 상태인 것이 중요합니다.

유튜버처럼 멋지게 편집할 필요는 없지만, 보호자의 귀여운 강아지들이 어떻게 재밌게 놀았는지 확인할 수 있으시게끔 여러모로 연구해서 촬영해주세요.

🐾 물병(펫시터용, 강아지용)

여름철 산책 때는 물병을 소지하는 것이 당연하지만, 이

외의 계절이라고 하더라도 물병을 꼭 가지고 산책에 나서야 합니다. 강아지들과 활발하게 산책하다 보면, 생각보다 에너지를 많이 사용하기 때문에 쉽게 갈증을 느낄 수 있답니다. 강아지들도 갈증을 느껴 헥헥거리고 괴로워할 수 있으니, 산책 중간마다 수분 보충은 필수입니다. 평소 물을 잘 마시지 않던 친구들도, 이때만큼은 물을 잘 마실 수도 있습니다.

강아지들의 물병들은 천차만별이지만, 크게 3가지 종류가 있습니다. 물병 가운데에 달린 버튼을 눌러서 원터치로 물이 나오는 일체형, L자 형태로 꺾이면서 물을 부어주는 접이형, 접었다 폈다 할 수 있는 실리콘 그릇형 등이 있습니다. 물병은 직관적으로 딱 보자마자 바로 사용할 수 있도록 만들어졌으니, 사용하는 방법에 대해 너무 어려워 마세요. 오히려 실전에서 여러 물병을 만나는 재미를 느껴보시길 바랍니다.

산책 중에 펫시터가 마실 물병과 강아지들이 마실 물병, 둘 다 잊지 마세요.

🐾 여벌의 양말이나 손수건

갑자기 양말이 왜 필요하냐고요? 우리 귀여운 친구들이

배변패드에 아주 예쁘게 쉬야를 해놓으면 좋으련만. 그렇지 않은 경우에는 물컹하고, 으윽! 더불어 화장실에서 배변하는 친구들의 뒤처리를 해주면서도 양말이 젖을 수 있답니다.

펫시터로 일하다 보면 바깥에서만 배변하는 강아지들을 만날 수도 있습니다. 심지어 비가 오는 날에도 말입니다. 몸통 윗부분이야 우산을 쓰면 된다고 하지만, 운동화 속으로는 빗물이 잔뜩 들어올 수 있어요. 다음 돌봄 예약이 있다고 생각하면, 질척질척한 양말을 신고 계속 이동해야 하니 감기에 걸릴 수도 있겠지요? 펫시터라면 한 번쯤 겪을 수 있는 해프닝이니, 양말을 꼭 지참해주세요.

입실 후 손을 씻거나 아이들의 맘마 그릇을 씻고, 손의 물기를 닦을 때 등의 상황들을 고려해 손수건도 준비하시면 좋습니다. 특히 펫시터로 처음 일하게 될 때 긴장하느라 진땀이 날 수 있습니다. 이럴 때 손수건이 있으면 조금이라도 도움이 된답니다. 안경을 쓰는 분은 일하느라 땀이 나서 안경에 김이 찰 때, 빠르고 간편하게 닦아낸 뒤 다음 업무를 진행하실 수 있겠지요.

🐾 강아지 간식

산책을 좋아하는 정도가 너무 강한 친구들이나 외부자극에 민감한 친구들은, 아무래도 컨트롤이 쉽지 않을 수 있습니다. 이때 가장 효율적으로 핸들링하는 방법은, 단연 "간식"이랍니다. 칭찬은 돌고래도 춤추게 하고, 간식은 강아지들을 춤추게 하지요.

단, 펫시터가 집에서 가져온 간식을 주는 행동은 절대 금물입니다. 보호자의 집으로 오면서 간식이 변질할 위험이 있기 때문입니다. 그러니 반드시 보호자의 집에 있는, 강아지가 평소에 먹는 간식으로 급여를 해주셔야 합니다. 펫시터가 왔다 갔더니 강아지가 아픈 것 같아요, 라든지 펫시터가 주고 간 간식을 먹고 컨디션이 나빠졌다는 식의 클레임을 방지할 수 있습니다.

특히 뜨거운 여름철에는 보호자가 평소 급여하는 간식도 변질할 우려가 있습니다. 산책하러 나가기 전에 간식에서 시큼한 냄새가 나지는 않은지, 물컹물컹해지거나 진득거리는 물이 흘러나오지는 않은지 한 번쯤 살펴보세요.

🐾 산책용 하네스, 목줄 등의 이중 점검

강아지들과 함께 산책하는 사람이 보호자가 아닌 펫시터이기 때문에, 산책 중 어떤 반응을 보일지는 아무도 알

수 없습니다. 이런 까닭에 하네스와 목줄 등을 채우고 2~3회 정도는 단단히 고정되었는지 확인해봐야 합니다. 산책줄을 맨 뒤에 위쪽으로 줄을 툭툭 올려서 확실히 고정된 것인지 확인해 주세요. 어떤 펫시터 업체의 경우에는 이중 리드줄을 사용하기도 합니다.

일반적으로 보호자들은 우리 강아지의 몸에 너무 압박을 줄까 봐, 하네스와 목줄을 느슨하게 세팅해둡니다. 하지만 펫시터와의 산책이 시작될 때는 익숙하지 않은 핸들링을 받으며 산책하기도 하고, 보호자가 아닌 사람과 산책하다 보니 은근히 스트레스를 받아 갑작스레 흥분할 수 있습니다.

이럴 때 느슨하게 풀어진 하네스와 목줄을 스스로 벗어버리고 탈출해버리는 사고가 일어나기도 합니다. 강아지가 도망가버리는 안전사고를 방지하기 위해서라도, 사전에 산책줄의 고정 상태를 반드시 점검해주세요. 한편 지나치게 꽉 조인 줄 때문에 살갗이 빨갛게 붓거나 호흡하는 게 어렵지 않도록, 검지와 중지를 넣어 여유 공간을 만들어줍니다.

꿀팁을 하나 드리자면, 강아지가 줄을 풀고 도망가는 대형 사고가 벌어졌을 때 간식을 펫시터 쪽으로 던져서 걸음을 유도해주세요. 무턱대고 강아지 쪽으로 뛰어갔다가는 강아지들이 보기에, 펫시터와 함께 숨바꼭질 놀이를 하는 줄 알고 저 멀리 뛰어가 버릴 수도 있으니까요.

이렇게 강아지 줄 풀림 사고를 "오프리쉬"라고 합니다.(그냥 줄을 풀어놓은 일반적인 상황을 일컬어 오프리쉬라고도 부릅니다. 두 가지 상황에서 모두 사용하는 용어입니다) 이런 사고는 생각보다 빈번하게 벌어집니다.

"펫시터에게 강아지를 맡겼더니 공원에서 잃어버렸대요. 그 뒤부터는 답장도 없고 잠수를 탔어요."라는 클레임이 들어오는 상황도 종종 일어납니다. 그러니 산책 전에 여러 번 안전 체크를 해주세요.

불안하시면 예비용 목줄을 하나 챙기셔서 강아지의 목에 목줄 하나, 그리고 원래 강아지가 쓰는 하네스 하나, 이렇게 이중으로 산책 세트를 만드셔도 좋습니다.

🐾 배변용품

모든 강아지들의 필수 아이템입니다. 가끔은 밖에서 응가를 하지 않는 강아지들도 있지만, 대체로 산책하며 배변 활동을 하니까 배변용품을 꼭 지참해야 합니다. 강아지들은 최소 1일 1산책이 필요하기에 산책을 목적으로 펫시터를 부르는 보호자들이 많습니다.

강아지들이 응가를 하고 나면 일회용 장갑을 끼고, 항문 주변을 물티슈로 깔끔하게 닦아줍니다. 그다음에 응가 위에 물티슈를 덮어서 배변봉투를 한 장 꺼내어 펼쳐줍니다. 응가 집게나 손에 배변봉투를 씌워서 물티슈와 응가를 감싸 주운 뒤, 봉투를 뒤집어서 윗부분을 묶어주세요. 그러면 내 손에도 응가가 묻지도 않고 깔끔하게 뒷정리를 할 수 있답니다.

예전에 맨손으로 응가를 처리하다가 응가 사이즈가 너무 커서 배변봉투 밖으로 떨어진 적이 있었습니다. 응가가 떨어지면서 내 손에 왕창 묻어버리고 말았지요. 여러분은 이런 실수를 참고하셔서 위생적으로 처리하시길 바랄게요.

🐾 기타

전문적인 교육을 받으신 분들도 펫시터의 영역에 도전하고 있습니다. 그분들이 사용하시는 용품들을 참고하면 이런 것도 있어? 라고 놀라는, 재미있는 용품들이 참 많아요. 특히 "클리커"라는 훈련 도구가 있는데 유튜브 등으로 사용 방법을 익혀두면 여러모로 활용도가 높습니다. 오토바이 경적, 갑자기 지나가는 자전거, 산책 중에 만나는 다른 강아지 등 여러 외부자극에 민감한 친구들에게 집중력을 키워주는 훈련 도구입니다. 클리커를 눌러서 딸깍 소리를 내면 강아지들이 펫시터를 쳐다보게 되는데, 그때마다 간식으로 보상을 주게 됩니다. 이후 클리커 소리만 나더라도 펫시터를 주목하게 됩니다. 외부자극에서 펫시터로, 집중의 방향을 돌리는 것이지요. 간단하면서도 기본적인 산책 훈련에 매우 유용한 도구입니다. 클리커훈련사 자격증 과정도 있으니, 나중에 기회가 되시면 취득해보시는 것도 큰 도움이 되시리라 생각합니다.

이렇게 다양한 산책용품을 살펴보았는데 어떠셨나요? 나는 펫시터 경험을 쌓아가며 여기에 산책용품들을 더 추가하기도 하고, 자주 만나는 강아지를 산책할 때는 필요하지 않은 용품을 빼면서 조절해나갔습니다.

우리집 강아지를 산책시킬 때와 비슷하기도 하고, 또 다른 점도 있는 것 같지요? 펫시터로의 경험치가 쌓여가면서 차차 알아가실 겁니다. 강아지들이 꼬리 치며 즐거워할 산책 돌봄을, 더욱 발전시켜나갈 여러분을 기대합니다.

PART 3

나는 세상에서 가장 Crazy한
펫시터입니다.

야! 팬티를 물어오면 어떡해~

우리 강아지 친구들이 가장 좋아하는 놀이는 무엇일까요? 강아지들마다 성격이 다르듯이 좋아하는 놀이도 서로 다르답니다. 중요한 건, 강아지들이 혼자 남아있는 시간에도 외로워하며 스트레스를 받지 않도록 하는 것이지요.

펫시터는 실내 돌봄 때 여러 가지 놀이를 진행해야 합니다. 돌봄 당일에 비가 오느라고 산책을 못 나가거나, 보호자가 산책 대신에 집에서만 놀아달라고 요청하는 경우, 산책보다 맘마와 물 등을 챙겨주는 게 더 중요한 경우, 산책을 다녀와서 퇴실 전까지 강아지들과 함께 놀아주어야 할 때 등 갖가지 상황에서 실내 놀이가 필요합니다.

실내 놀이의 종류

먼저, 모든 놀이를 시작하기 전에 푹신푹신한 매트 위에서 진행하는 것이 좋습니다. 이불이나 담요, 카펫 등 부드럽고 푹신한 재질의 바닥 위에서 진행합니다. 강아지들이 바닥에서 물고 뜯으며 신나게 놀다가 다치지 않게 하기 위함입니다.

🐾 콩 장난감 놀이

콩이라는 올록볼록한 장난감을 활용한 놀이입니다. 솔방울이나 악기 오카리나처럼 생긴 장난감인데, 속 안이 비어 있습니다. 이 안에 강아지가 즐겨 먹는 간식을 넣어주고, 이리저리 굴리며 하나씩 꺼내 먹게 합니다.

튼튼한 재질로 되어 있어서 내구성이 좋고, 강아지들이 오랜 시간 동안 꺼내 먹을 수 있어 펫시터의 퇴실 이후에도 심심해하지 않습니다.

🐾 이불 속에서 간식 찾기 놀이 / 코 담요 노즈워크 놀이

코 담요 즉, 노즈워크 담요를 가지고 노는 건 아마 여기 저기서 많이 보셨을 겁니다. 노즈워크 놀이는 강아지들이 가장 좋아하는 놀이 중 하나이기도 합니다. 코 담요는 형형색색의 부드러운 천이 갈기, 고리, 주머니 등의 모양으로 짜깁기되어 있습니다. 이 속에 간식들을 넣고 후각을 이용해 찾아내는 놀이랍니다.

강아지에게 가장 발달한 감각인, 후각을 계속 자극하고 발달시키는 장점이 있습니다. 강아지들이 킁킁대느라 침이 배어 있을 수도 있으니 축축함은 감수하셔야 합니다!^^;

🐾 양치볼 놀이

양치에 대한 거부감이 있든지, 양치가 익숙하지 않은 강아지, 잇몸병이 있는 강아지들에게 효과적인 놀이입니다. 다만 양치볼의 재질이 말랑말랑하지 않은지 살펴봐 주세요. 플라스틱 양치볼을 사용했다가 디디의 잇몸이 쓸려서 피를 본 적이 있었거든요.

튼튼한 치아 건강을 위해 꾸준히 양치질해주면 좋겠지만, 바쁜 보호자들이 미처 양치해주지 못하는 상황이 있습니다. 이럴 때 강아지들이 양치볼 사이에 넣은 간식을 먹으며, 자연스레 치석도 제거하고 스트레스도 해소할 수 있습니다. 양치볼에 살짝 치약까지 발라주면 양치 효과는 더욱 좋겠지요?

🐾 오뚜기볼 놀이

오뚜기볼 장난감 안에 간식을 넣어, 강아지의 호기심을 자극하고 집중력을 높이는 놀이입니다. 강아지들이 볼 안에 들어간 간식을 빼내려고 앞발로 톡톡 치면 볼이 뒤뚱거립니다. 하단에 간식이 나오는 구멍이 있어 집중하면, 이에 대한 보상으로 간식을 먹을 수 있다는 걸 경험하게 해줍니다. 조금씩 나오는 간식이 감질나는 바람에 볼을 깨무는 강아지들도 있으니, 치아가 깨지지 않도록 옆에서 잘 관찰해주세요.

🐾 종이컵 놀이

가장 손쉽고 퇴실 이후까지도 오랫동안 즐길 수 있는 놀이 방법입니다. 종이컵 3~4개를 준비하여 간식을 안에 넣어준 뒤, 종이컵 상단을 구겨 접어주세요. 그러면 강아지들이 종이컵을 물고 뜯으며 자유롭게 놀이를 즐깁니다.

보호자의 집에 종이컵이 있기도 하지만, 잘 찾지 못할

수도 있고 집안을 뒤적거리는 게 불편하게 보일 수도 있습니다. 이런 이유에서 개인용 종이컵을 지참하는 것이 좋습니다.

어린 강아지는 종이컵을 뜯은 조각을 삼킬 위험이 있어 조심하세요. 이 놀이는 나이가 어린 강아지부터 나이가 많은 노령 강아지들까지 골고루 적용할 수 있습니다.

🐾 야바위 놀이

종이컵 놀이의 변형 버전입니다. 여러 종이컵 중 한 개에만 간식을 넣고, 컵을 거꾸로 엎어서 야바위 놀이를 하듯 섞어주세요. 그리고 강아지가 코나 앞발로 간식이 들어 있는 종이컵을 맞추면, 보상으로 간식을 꺼내 먹여 줍니다. 후각과 지능을 발달시키기에 아주 좋은 놀이입니다. 식욕이 강한 강아지는 인내심을 기를 수도 있지요. 아주 똑똑한 친구들은 단 몇 초 만에 알아맞히기도 합니다.

🐾 실내 산책과 숨바꼭질

별도로 산책 돌봄을 요청하지 않는 경우나 비가 오는 경우에 사용하는 놀이입니다. 바깥으로 산책하러 나가는 대신, 집에서도 재미나게 놀 수 있다는 걸 경험시켜 주는 것이지요. 흥분도가 높아 산책을 나갈 수 없는 상황에서도 실내 산책으로 대신 할 수 있고, 어린 아기 강아지들에게도 산책 경험을 심어줄 수 있습니다.

하네스나 목줄을 채우고 거실이나 방안 등을 천천히 산책하면 됩니다. 한 방향으로 직진해보기도 하고, 뒤로 가기도 하고, 유턴도 했다가 이리저리 다니면서 "우리집이 이렇게 재밌는 곳이었어?"라는 생각을 하게 도와줍니다.

숨바꼭질도 마찬가지로 집안을 재미난 놀이공간으로 만들어줍니다. 펫시터가 방문 뒤에 숨어서 강아지의 이름을 부르면, 강아지들이 냄새와 소리를 통해 펫시터를 찾는 놀이입니다. 아니면 펫시터가 집안 곳곳에 숨겨놓은 간식을 찾아내는 응용 놀이도 있습니다. 개인적 경험으로는 펫시터를 찾는 것보다 간식을 찾는 걸 더 좋아하는 것 같습니다.

🐾 공놀이

던진 공을 강아지가 물어오면 이에 대한 보상으로 간식을 주는 놀이입니다. 이때 주의할 점은 공을 잘못 던져서 물건을 부수거나 하는 일이 없어야 합니다. 공을 던졌는데 잘못해서 TV에 맞았다고 상상해보세요! 게다가 그 공을 쫓아, 강아지가 TV로 전력 질주를 한다면?! 그래서 공놀이를 할 땐 주변에 파손될 위험이 있는 물건이 있는지를 먼저 살펴보세요.

거실에서 진행한다면 매트 위로 던지되, 거실 탁상이나 테이블 등의 모서리에 강아지가 다치지 않도록 조심해주세요. 나는 산책 돌봄을 할 때 공을 가지고 가기도 했습니다. 잔디밭으로 가서 공을 던지고 물어오며 신나게 뛰던 기억이 나네요. 산책 돌봄 때도 역시 공놀이를 할 수 있답니다.

🐾 터그놀이

터그놀이는 양치볼처럼 치석을 제거해주는 효과가 있습니다. 강아지가 실타래나 인형, 뼈다귀 같은 터그놀이 장난감을 물게 되면 펫시터와 함께 줄다리기처럼 밀고 당기는 놀이입니다. 강아지들은 터그놀이를 통해 저작 활동을 하면서, 스트레스도 해소하고 부족한 활동량을 채우기도 합니다.

대신에 치아가 약한 강아지나 노령견, 어린 강아지들과 터그놀이를 할 때는 자칫 치아가 빠져버리는 사고가 발생할 수도 있습니다. 강아지가 펫시터보다 힘이 약하니까 너무 세게 당기지 않도록 강도를 조정해주세요.

이렇듯 강아지들이 재미있게 놀 방법은 다양합니다. 이외에도 슬라이드식이나 뚜껑 여닫이식 노즈워크 장난감 등 갖가지 장난감들이 있습니다. 앞으로도 더 많은 놀이가 개발될 가능성도 크지요. 나는 산책 이외에도 강아지들이 스트레스를 해소하는 방법들이 있다는 게 신기했습니다. 강아지에게 장난감이 필요한 줄도 몰랐던 생초보 집사였다니까요.

"개는 개답게 길러야지!"라고 말하면서 디디에게 사료와 물만 주고, 산책만 시키면 다 될 줄 알았을 정도였습니다. 강아지 장난감이라는 게 세상에 있는지도 몰랐어요.

하지만 펫시터 서비스를 직접 이용해보면서 우리 강아지가 이렇게 장난감을 좋아하는지 처음 알게 되었습니다. 그때 실내 놀이의 매력에 푹 빠졌습니다. 강아지들도 집안에서 재밌게 놀 수 있답니다.

실내놀이와 관련된 아주 재미난 에피소드가 있습니다. 한번은 스트레스를 너무 많이 받은 강아지를 만난 적이 있었습니다. 보호자가 직장인이라 혼자 있는 시간이 길다 보니 스트레스가 꽤 쌓였나 봐요.

입실하고서 강아지와 인사를 하는데, 입에 뭘 물고 있는 거예요. 화들짝 놀라서 얼른 다가갔습니다. 그리고 입에 문 걸 자세히 들여다보니….

강아지가 물고 있던 물건의 정체는, 바로 보호자의 팬티였습니다! 아이고~ 보호자가 나중에 이 돌봄 영상을 보면 얼마나 기가 막힐까요? 아이들이 스트레스를 받으면 벽지를 긁어 놓거나 물건을 부수기는 하지만, 이렇게 팬티를 물고 오기도 한답니다.^^ 강아지의 입에서 팬티를 빼내려고 했는데, 녀석이 터그놀이를 하는 줄로만 알고 한참 팬티 당기기로 씨름했더랍니다.

귀여운 우리 강아지 친구들이 팬티를 물고 뜯는 대신, 펫시터와 재밌게 놀 수 있기를 바랍니다.

녀석들의 ○○○이 날아 옵니다!

철퍼-

안경에 뭔가 물 같은 것이 튀는 게 느껴졌습니다. 이게 뭐지? 손으로 쓱 닦아보니 이런…! 안경에 튄 건 바로 강아지의 오줌이었습니다. 어디 그뿐만인가요? 녀석은 바닥에 설사 똥을 지리고는 뒷발길질을 해댔습니다. 헉! 한순간에 똥 폭탄을 맞은 나는 당황한 나머지 어질어질 해졌습니다.

펫시터로 활동하면서 정말 힘든 순간은, 감당할 수 없는 돌봄 요청을 어쩔 수 없이 해야만 하는 때였습니다. 이 강아지들의 돌봄이 바로 그런 것이었습니다. 보호자는 원래 교외 지역의 전원주택에서 강아지들을 풀어놓고 지냈다는데요. 도심으로 이사를 오게 되면서 강아지들을 돌봐줄 사람이 필요했다고 했습니다.

그렇지만 막상 만나본 강아지들의 눈빛은 두려움이 가득했습니다. 뭔가 이상하다 싶어서 여쭈어보니 이사 오기 전까지, 한 번도 산책시켜본 경험이 없었다는 것이었습니다. 이사 후 산책을 시키려고 했는데, 녀석들이 도무지 꼼짝을 안 하더라는 겁니다. 강아지들은 진돗개 2마리였는데, 채 3살도 되지 않은 어린 강아지들이었습니다. 보호자가 한번도 심어주지 못한 산책경험을 펫시터한테 요구하다니, 정말 황당하기 그지없었지요.

이 친구들의 이름은 크림과 모카. 둘은 겁에 질려서 목줄을 메는 것도 거부했습니다. 내 손길을 피하려고 어찌나 요리조리 빠져나가던지요. 간신히 목줄을 메어주고 현관문을 열었는데 발톱을 잔뜩 세우고 안간힘을 다해 버텼습니다. 살살 달래기도 하고 엉덩이를 밀어 보기도 하면서 온갖 산책 기술을 다 동원했습니다.

크림이는 어떻게든 어르고 달래서 건물 바깥까지 나오는 데 성공했습니다. "산책은 무섭고 나쁜 거야"라는 생각이 들지 않도록 강압적인 느낌을 주지 않으려 얼마나 애썼는지 모릅니다.

모카는 크림이보다 두려워하는 마음이 더 컸습니다. 핸들링을 따라 건물 안 복도까지 겨우 나왔는데, 집 문을 여는 순간부터 똥오줌을 지렸습니다. 한 손으로는 모카의 목줄을 잡고, 다른 한 손으로는 모카가 싸놓은 배변을 물티슈로 닦아내야만 했습니다.

그러다 목줄을 잡은 손에 잠깐 힘이 풀린 틈을 타, 모카가 달아나려고 하는 게 아니겠어요! 깜짝 놀라 두 손으로 모카의 목줄을 붙잡았는데⋯. 모카가 옆으로 벌러덩 넘어지고 똥오줌을 다시 질질 누었습니다. 그다음에는 뒷발길질을 하며 내 얼굴을 향해 분비물을 날렸습니다. 나는 순식간에 강아지의 오물을 뒤집어쓰고 말았습니다.

한 시간의 사투가 끝난 뒤에야 겨우 돌봄을 종료했습니다. 온몸이 지린내로 가득한 나머지, 이대로 버스를 타면 기사님이 뭐라고 하시진 않을까 걱정될 정도였습니다. 보호자는 수고했다며 이런 말을 덧붙였습니다.

"실은 훈련소에다 모카와 크림이를 맡길까 했었거든요. 근데 훈련소는 비싸잖아요. 그래서 펫시터를 불렀어요. 우리 애들한테 산책을 가르쳐주세요."

다소 황당한 소리죠? 펫시터와 훈련사의 역할은 서로

다릅니다. 케어하는 영역도 다르고요. 펫시터는 강아지를 돌보아주는 사람이지 문제 행동을 교정해주고 변화시켜주는 사람이 아닙니다. 이런 차이를 모르기에, 펫시터는 훈련사보다 더 저렴한 비용에 행동 교정을 해주는 사람이라고 인식하신 겁니다. 나는 보호자 강아지들의 오물을 죄다 뒤집어썼는데, 내 노력이 당연하다고 생각하는 건가? 하고 화가 치밀어 올랐습니다.

때로는 펫시터로 일하게 되면서 "이건 아닌데….".라든지, "왜 이런 일까지 시키는 거지?"라는 생각이 들 수 있습니다. 펫시터가 하지 않는 일들을 꼭 알아 두시고, 돌봄 전에 보호자와 소통하며 아닌 것은 아니라고 분명히 말해야 합니다. 어떤 요청을 거절해도 되는지 알려드리겠습니다.

🐾 펫시터가 하지 않아도 되는 일을 요청하는 보호자의 말들

1. 빨래 좀 해주시면 안 될까요?(당연히 안 돼요!)
2. 오신 김에 청소기도 한번 돌려주세요.(펫시터의 돌봄 서비스 외에 청소와 가사 서비스 등의 행위)
3. 다 끝나고 나가실 때 음식물 쓰레기 좀 버려주세요.(각종 쓰

레기 배출)

4. 강아지 팔 쪽에다가 링거 좀 꽂아주세요.(의료 행위를 요청하는 것)

5. 펫시터님이 보시기에 우리 강아지한테 병이 있는 것 같죠?(질병을 마음대로 진단하기)

6. 택배 좀 들여놔 주세요.(나중에 택배 상자 안의 물건이 파손되었다고 연락이 올 수도 있습니다)

7. 산책을 잘하지 못하는데 훈련 좀 시켜주세요.(훈련은 전문훈련사에게 맡겨야 합니다)

이번에는 펫시터가 하면 안 되는 일들을 알아볼까요?

🐾 펫시터가 돌봄 때 하지 않아야 하는 일들

1. 강아지가 평소에 먹지 않는 간식, 음식물을 보호자의 허락없이 먹이기

2. 돌봄 서비스가 진행되는 동안에 흡연하는 행동

3. TV를 보거나 핸드폰으로 SNS를 하는 등 돌봄 중에 개인 휴식 시간을 갖기

4. 보호자와 협의가 이뤄지지 않은 상황에서 임의로 돌봄 서비스를 중단하기

5. 방충망이나 안전문을 활짝 열어놓고 돌봄을 진행하거나 퇴실해버리기

6. 택배나 우편물을 마음대로 열어보기

7. 방 이곳저곳을 들어가거나 방문을 열기(같은 맥락으로, 마음대로 서랍장을 열어보는 열어보는 행동도 안 됩니다)

8. 강아지에게 "쓰읍!"하는 소리를 낸다든지, 훈육하듯 여러 차례 "안돼"라고 반복해서 말하기

9. 산책 중에 다른 강아지와 인사시키기(산책을 시키는 사람이 보호자가 아닌 펫시터이기 때문에, 돌발 행동을 할 수도 있습니다. 평소에 친한 강아지 친구 사이일지라도 갑자기 공격을 할 수 있어요. 아무리 착하고 얌전한 강아지여도 말입니다)

10. 한 손으로만 산책줄 잡기(강아지가 흥분할 때 한 손으로만 컨트롤하기 어렵습니다. 산책할 때 강아지들이 흥분하며 로켓처럼 슝 발사해버리는 사고가 발생하기도 합니다. 이럴 때 두 손으로 줄을 쥐고 있다면 확실히 강아지를 잃어버리는 사고가 생길 가능성이 작겠죠?)

11. 입실하고 퇴실할 때 보호자에게 알리지 않기

12. 돌봄 후에도 사진이나 영상을 보내지 않기

13. 돌봄 중에 강아지에게 하소연하는 등 투마치토커의 모습

을 보여주기(디디야~ 오늘 내가 힘들었는데 말이야~ 어쩌고 저쩌고~~)

펫시터의 역할을 분명히 기억하고, 펫시터가 할 수 있는 일만 책임감 있게 수행해주세요. 그리고 펫시터가 해야 할 일과 하지 말아야 할 일을 명확하게 구분하여 알아두시길 바랍니다. 프로 펫시터의 모습을 보여주세요.

프로페셔널하고 멋진 펫시터로 활약하실 여러분을 기대 하겠습니다.

질병을 앓는 강아지를 맡게 되었어요

세상의 모든 강아지들이 건강하면 얼마나 좋을까요? 하지만 사람도 나이가 들면서 여기저기가 아파지듯이, 강아지들도 자연스레 노령화 증상이 나타나지요. 자연의 순리인 줄 알면서도, 강아지들이 나이를 먹은 증세들을 보고 있노라면 가슴이 찌르르 아파져 옵니다.

펫시터를 하면 질병을 앓는 강아지들을 꽤 만나게 된답니다. 나의 사랑하는 디디도 마찬가지로 투약이나 진 자리를 교체해주어야 할 때 펫시터를 부르곤 했었죠. 펫시터는 건강하고 젊은 강아지도 만나지만, 나이 들거나 질병과 열심히 싸우는 용감한 강아지들도 만나게 됩니다.

한번은 18살인 푸들 깜돌이를 만난 적 있었습니다. 깜돌이는 나이가 들면서 차츰 시력을 잃어가다가 결국 녹내장과 백내장 수술까지 받았습니다. 귀도 잘 안 들리게 되고, 슬개골 수술도 하게 되어 걷는 것도 쉽지 않았습니다.

그래도 후각은 아직 건강한 편이었고, 맘마도 숟가락으로 떠서 입 주변에 갖다 대면 냠냠 쩝쩝 아주 잘 먹었습니다. 깜돌이는 곱게 다진 맘마에 가루약을 넣어, 아기 주먹밥처럼 돌돌 말아 먹여야 했습니다. 또 장애 때문에 바깥에 나가는 것조차 쉽지 않으니, 내 품에 안아 올려서 창밖의 냄새를 킁킁하고 맡도록 도와주었습니다.

아마 여러분도 우리 강아지가 다치거나 아파할 때 간호해본 적이 있을 겁니다. 그때의 경험들이 몸이 불편한 강아지들을 돌볼 때 큰 도움이 됩니다. 그나마 후각이 건강한 깜돌이에게 바깥의 냄새들을 맡게 해주고 숟가락으로 맘마 냄새를 맡게 하여 스스로 맘마를 먹게 해준 것처럼, 조금만 관찰해보면 아픈 강아지가 행복할 만한 것들을 금세 찾을 수 있습니다.

🐾 질병이 있는 강아지의 돌봄은 어떤 점을 생각해야 하나요?

1. 투약 방법의 종류가 다르므로, 어떤 식으로 투약해야 하는지 보호자와 소통하여 알아둡니다.

2. 만약 시도해 본 적 없는 투약 방법이라면, 단골 동물병원에서 투약 방법을 물어봅니다.

3. 주사기로 물약을 먹일 때는 강아지의 머리를 지나치게 높이 치켜들어, 기도 뒤로 약이 넘어가지 않도록 조심합니다. 강아지의 머리가 젖혀지지 않게, 약간만 든 상태에서 빠르게 약을 먹입니다. 이때 약을 삼키지 않고 볼주머니에 물고 있는 강아지들도 있습니다. 약을 먹은 척 물고 있다가 퉤 하고 뱉어버리지요. 약이 충분히 넘어가도록 목 주변을 살살 쓸어주세요. 이렇게 목을 부드럽게 마사지해 주면 꿀꺽꿀꺽 삼킨답니다.

4. 대부분의 약봉지는 방수 처리가 된 종이로 되어 있습니다. 주사기의 2/3 정도까지 물을 빨아들인 뒤, 약봉지 안에 물을 쭉 쏩니다. 그리고 나서 주사기 끝부분으로 약과 물을 개어주고, 다시 주사기의 피스톤을 당깁니다. 이렇게 되면 가루약이 잘 녹아 섞어지기 때문에 잔여 약물없이 투약할 수 있습니다.

5. 알약을 투약해야 할 때는 보호자와 신중히 상의하셔야 합니

다. 켁켁! 하고 목에 알약이 걸릴 수 있기 때문입니다. 필건을 이용해 알약을 고정한 뒤, 최대한 목구멍 가까이에 넣어 재빠르게 밀어줍니다. 필건 사용이 어렵거나 강아지가 거부 반응이 클 경우에는, 캡슐을 열어 가루약을 빼내 간식에 섞여 먹입니다.

6. 나이가 많거나, 수술받았거나, 다리를 다친 강아지는 계단이나 경사 등을 조심해야 합니다. 자칫 다리가 더 아플 수 있기 때문입니다. 조금이라도 경사진 곳에 다다를 때, 아파하지는 않는지 유심히 살펴보세요. 엘리베이터가 있는 건물은 염려할 일이 적지만, 계단만으로 된 건물은 강아지를 소중히 안아들고 이동해주세요. 우리집은 엘리베이터가 없는 4층 집이라 강아지에게 항상 미안했답니다. 어렸을 때는 펄쩍펄쩍 잘 뛰어 올라가더니, 나중에는 슬개골이 아파서인지 가만히 멈춰서서 나를 올려다보더라고요.

7. 치매가 있는 강아지는 한 방향으로 빙글빙글 돌면서 넘어질 수 있습니다. 강아지가 넘어질 때 다리를 접질리거나 몸통에 멍이 들지 않도록 손으로 잘 잡아주세요.

8. 배변 처리가 어려운 강아지를 만날 수도 있습니다. 움직임이 쉽지 않은 강아지는 누워있는 이부자리에서 그대로 배변해버리기도 합니다. 강아지가 편안할 수 있도록, 젖은 자리를 곧장 새 담요나 쿠션 등으로 교체해주세요. 퇴실 후에도

누운 자리에 배변할 상황을 고려해 새로 교체된 자리 주변에, 배변패드를 넉넉하게 깔아 놓는 것도 잊지 마세요. 담요나 이불 등에 배변을 한 흔적이 있다면, 베란다 등 보호자와 미리 협의가 이루어진 장소에 배출해주세요.

9. 질병이 있는 강아지를 돌보게 될 때는 생각보다 더 많은 시간이 소요될 수 있습니다. 예약된 돌봄 시간의 앞뒤에 여유 시간을 마련해두어, 다음 돌봄을 하러 급하게 움직이지 않도록 대비해두세요.

10. 보호자의 단골 동물병원에 대한 정보를 알아두세요. 긴급 상황일 때 병원에 연락하여 응급조치를 신속히 할 수 있습니다. 이송 후에도 평소 어떤 증상을 앓았는지 기록이 있기에 즉각 대처해줄 수 있습니다.

나는 심장병이 있어서 시간에 맞춰 꾸준히 약을 먹어야 하는 강아지 친구들을 맡은 적이 있었습니다. 강아지들의 약 투정도 받아내고, 잘 구슬리고 설득해서 약을 다 먹였을 때 얼마나 뿌듯했는지 모릅니다. 그때 보호자의 수고와 사랑, 그리고 헌신들이 집 안 곳곳에서 보였습니다. 내가 펫시터로서 할 수 있는 사랑이 한정적이라, 가슴이 참 아팠던 기억이 납니다.

비록 우리의 만남이 짧더라도 강아지가 맘마를 먹고, 약을 먹고, 배변하는 모든 순간이 더욱 감사하게 다가왔습니다. 당연한 일인데도 당연하지 않은 일이었죠.

그런가 하면 처음 만났을 때만 해도, 약을 먹기 싫다고 후다닥 도망가버리는 친구도 있었습니다. 나중에는 알아서 다가와 입을 쫙 벌리고 기다리는 게 어찌나 대견했는지 몰라요. 식분증이 있어 입 주변을 닦아주어야 하는 강아지도 있었습니다. 나도 이렇게 마음 아픈데 보호자들은 얼마나 더 마음이 아플까요?

생명을 돌보는 일을 하면서 보호자들의 안타까움을 깊게 느낍니다. 그분들의 바람을 고스란히 이어, 나도 더 좋은 펫시터가 되어야겠다는 다짐을 하게 됩니다. 강아지 친구들이 펫시터와의 만남을 통해 더욱더 오랜 견생을 누릴 수 있기를 간절히 바랍니다.

슈퍼 펫시터, 고소라님이 궁금해요!

이번엔 다른 펫시터분은 어떻게 활동하시는지 인터뷰를 진행했습니다. 펫시터뿐만 아니라 인플루언서와 반려동물 커뮤니티 운영까지, 다양한 영역에서 활동하시는 고소라 펫시터님을 만나볼까요?

Q. 안녕하세요 펫시터님. 자기소개를 부탁드립니다.

A. 안녕하세요 여러분! 저는 펫시터 고소라입니다. 지금까지 1,000건 이상의 돌봄 경력이 있고, 앞으로도 더 많은 활동을 하려 합니다.

Q. 상당히 많은 돌봄을 해오셨네요. 어떻게 펫시터를
시작하게 되셨나요?

A. 학창 시절부터 강아지들과 함께 자라왔어요. 결혼하
고 나서는 반려동물 관련 회사에서 근무하기도 했었
고요. 함께 사는 초빵이와 짱아를 잘 키우고 싶어서
이것저것 동물 관련 자료들을 찾아보고 공부해 나갔
는데요. 그러다 보니 자연스레 동물과 관련된 일자리
를 찾아보게 되었습니다. 우연히 펫시터라는 직업이
있다는 걸 알게 되었는데, 제게 딱 맞는 직업이더라
고요. 바로 입사지원서를 쓰게 되었고 결국 본업으로
삼았습니다.

Q. 펫시터를 하기 위해 준비했던 것이 있을까요?

A. 아무래도 반려동물에 대해 알아가면서, 새로운 지식
을 계속 공부해 나갔습니다. 여러 가지 동물 관련 책
을 읽고, 사람들과 교류하며 알게 된 지식이 많았어
요. 특히 품종에 관해 공부할 때 강아지들이 품종별
로 성격과 성향이 다르다는 특징을 깨달았는데, 펫시
터를 준비하거나 실제로 활동할 때 큰 도움이 되었습
니다. 펫시터가 되기 위해 꾸준히 관심을 가지고 적
극적으로 자료를 찾기만 한다면, 모든 것이 다 피가

되고 살이 된답니다.^^

Q. 펫시터가 되길 잘했다고 생각했던 적이 있었나요? 아무래도 동물들과 교감하는 일이다 보니 뿌듯하고 보람찬 일이 많을 것 같습니다.

A. 뿌듯한 경험이 많아요. 완전히 아가 강아지였던 친구의 돌봄을 맡게 된 적이 있었는데, 이 친구가 거의 생애 첫 산책이나 다름없었어요. 강아지에게 좋은 산책 경험을 심어주려고 노력했습니다. 산책이라는 게 정말 즐겁고 행복한 기억이 될 수 있도록 도와주고, 사회화에 긍정적인 영향을 주는 데 펫시터로서 큰 보탬이 되어 감사했습니다.

지금은 늠름한 청년 강아지가 되었는데, 멋진 강아지로 성장하는 데 도움이 된 것 같아 무척 기뻤답니다. 아기 때부터 함께 산책을 진행하고 기본적인 산책 매너를 익힐 수 있도록 많이 도와주었어요. 너무나 대견한 강아지 친구입니다.

더군다나 저를 보고 경계하며 짖었던 강아지들도 있었습니다. 낯선 사람이 들어와서 그렇겠지만, 시간이 흐르면서 자연스럽게 짖는 횟수가 줄어들게 되었습니다. 큰 목소리로 짖어서 이웃들에게도 영향이 갈까

봐 마음이 어려웠는데, 친숙해지니 그런 행동들이 사라져 정말 감사했습니다.

저는 강아지뿐 아니라 고양이 펫시터도 함께 진행하고 있습니다. 최근에 고양이 2마리를 돌보게 되었는데 숨숨냥이(숨어있는 걸 선호하는 고양이)였어요. 보호자께서 제 돌봄이 마음에 들었는지, 단골이 되어 주셨답니다. 이후 꾸준히 만나게 되었는데, 이제 숨숨냥이가 아니라 완전 애교냥이가 되었습니다. 처음에 만났을 때만 해도 숨어있는 고양이의 위치만 파악했으면 좋겠다는 바람이었는데, 지금은 고양이가 먼저 나와서 친근하게 대해주어요.

펫시터로 활동하며 다양한 동물 친구들을 만나는 만큼, 감사한 마음을 많이 느껴요.

Q. 반면 펫시터로 활동하다가 어려운 점도 있지 않았나요? 그럴 때마다 어떻게 대처하셨어요?

A. 야외에서 산책할 때가 많아, 날씨 때문에 어려운 점이 가장 컸습니다. 특히 폭우가 내리거나 폭설이 발생하는 상황에는 아무래도 산책이 어렵기도 하고요. 이럴 땐 사전에 보호자님과 상의해서 실내 돌봄으로 바꾸거나, 강아지의 건강에 무리가 되지 않도록 노력

한답니다. 눈이 온 다음 날에는 길바닥에 제설제가 있기도 해, 자칫 발바닥이 화상을 입지 않도록 조심합니다.

이외에도 틈틈이 체력을 쌓으려 노력하며 자기 계발을 하고 있습니다. 체력이 바탕이 된 만큼 활동 범위도 넓어지니까요. 전에 골댕이(골든레트리버)와 함께 3시간 동안 산책을 한 적이 있었습니다. 한여름에 산책한 거라 무덥고 힘들었지만, 그간 열심히 체력을 쌓아와서 그런지 아주 버겁지 않았습니다. 시간이 제법 여유 있으니 제가 할 수 있는 선 안에서 산책 흥분도를 낮춰주고, 더위 때문에 서로 지치지 않도록 산책을 천천히 진행했습니다. 어떤 강아지는 산책 전에 줄을 매는 것에 대한 거부감이 있어 진땀을 흘리기도 했지만, 금세 적응하게 되어 한시름 놓은 적도 있었습니다.

여러 에피소드들이 있는 만큼 힘든 일도 있었지만, 전부 다 제 커리어를 쌓는 데 큰 도움이 되었습니다. 모든 돌봄이 하나하나 다 공부가 돼요. 사람마다 성격이 다르듯이 강아지들도 그러하고, 이에 따라 돌봄들도 전부 다르거든요. 어떤 돌봄은 능숙하고 수월하게 진행하기도 하고, 어떤 돌봄은 조금 더 세심한 관찰력을 요구하기도 합니다. 지난한 경험들이 펫시터로서의 밑거름이 됩니다.

Q. 초빵이와 짱아의 엄마이기도 한데, 펫시터로 일하시는 게 어떤 영향을 주나요? 아이들이 다른 강아지들과 재밌게 놀고 돌아온 엄마를 질투하지는 않나요?

A. 초빵이와 짱아는 특별히 사회화 교육부터 시작해서 기본적인 예절까지 세심하게 가르친 강아지들이에요. 멋진 아들과 딸이죠. 성격도 매우 좋아서 항상 어딜 가든 칭찬받는답니다.

개육아 경험이 펫시터로 일하는 데 큰 도움을 받은 건 사실이에요. 펫시터가 되어 핸들링에 능숙해지면서 우리 초빵이와 짱아를 산책하는데 적용하기도 하고, 다른 강아지들과 재미있게 놀아준 것처럼 놀아주려고 노력합니다. 함께 있는 시간이 줄어든 게 아쉽기보다는, 아이들도 보호자와 떨어져 혼자 있는 시간이라고 생각해요. 나름 혼자 힐링하는 시간인 거죠. 이렇게 휴식 시간을 가진 후, 귀가한 저를 만나게 되면 얼마나 반가워하는지 몰라요. 다른 동물 친구들의 냄새를 맡으면서 자연스레 사회화도 되고요. 저도 펫시터로 일하며 초빵이, 짱아와의 산책과 놀이 시간이 더 즐겁고 소중하게 느껴졌답니다.

덧붙여 펫시터가 되어 활동이 많아지면서, 솔직히 말하자면 우리 강아지들에게 소홀해지진 않을까 하고 걱정되는 부분이 있기도 했어요. 그렇지만 초빵이와 짱아들을 사랑하는 마음이 더더욱 커졌습니다. 돌봄때마다 만나는 강아지들을 사랑할 수 있는 이유도, 우리 강아지들에게서 얻는 원동력이 크다고 볼 수 있습니다.

Q. 요즘에 TV로 펫시터와 도그워커에 대한 내용들이 많이 나오고 있습니다. 한편으로는 생명에 대한 책임감에 대한 경각심 섞인 목소리도 커졌고요. 생명을 사랑하는 마음으로 펫시터에 도전하는 분들이 점점 많아지는 현상에 대해 어떻게 생각하시나요?

A. 저는 펫시터에 도전하는 분들이 더욱 많아질 거라 생각해요. 반려동물시장이 점차 확대되고 성장하는 현상들을 보면서, 펫시터에 대한 인식도 긍정적으로 확산하고 있어요.

예전에는 직업이 펫시터라고 말씀드리면 다들 그게 뭐냐고 질문하는 편이었는데, 요새는 "아! 강아지랑 산책하는 직업이구나."하고 말씀하십니다. 최근 들어

다양한 매체를 통해 동물과 관련해서 다양한 직업이 있다는 게 잘 알려져 그런 것 같습니다.

이런 현상이 더 커져 나가길 바라고 있습니다. 반려동물 인구도 급속도로 늘어나는 중이라 보호자님들의 인식들도 달라져, 펫시터를 찾는 손길들이 많아졌거든요. 알고 보니 보호자님도 펫시터인 경우도 있었습니다.^^ 반려동물 복지와 문화에 대한 인식이 좋아지면서, 앞으로도 펫시터라는 직업이 널리 알려지고 그만큼 전문가가 되고자 도전하는 사람들도 많아지리라 믿습니다.

Q. 펫시터로 일하시며 발생한 수익적인 면도 굉장히 궁금합니다. 게다가 소라님은 펫시터도 하면서 여러 가지 활동을 하신다고 들었어요. 그런 활동들도 펫시터의 수입적인 면에 영향을 주나요?

A. 그럼요! 저는 펫시터가 되어서 제 능력만큼 벌 수 있다는 게 최고의 장점이라고 생각해요. 돌봄 영상을 보시고 능력을 인정해주어 단골 펫시터로 지정될 때는, 이 직업을 선택하길 정말 잘했다는 보람도 느낍니다. 일하고 싶은 시간에 마음껏 일하면서, 피곤하거나 쉬고 싶을 때 휴무를 잡는 등 스케줄을 내 마음

대로 조정할 수 있는 장점도 있고요.

디지털 노마드라는 말이 있는데 저는 "커리어 노마드"인 것 같습니다. 회사에 다녔을 때처럼 온종일 일하는 게 아니더라도, 제가 원하는 만큼 일하고 버는 게 펫시터의 가장 큰 매력이에요. 귀여운 강아지들을 많이 만날 수 있는 것도 장점이고요. 이렇게 일하면서 한편으로는 제 활동 영역을 넓혀갔습니다.

펫시터로 활동한 노하우를 잘 녹여내어 반려동물 커뮤니티 카페를 운영하고, 블로그와 인스타그램 등 SNS 채널을 통해 반려인들과 정보를 공유해나가고 있습니다. 펫시터뿐 아니라 다방면의 활동 영역을 구축했어요. 커뮤니티에서는 훈련사, 미용사, 반려동물 식품을 만드시는 분 등 많은 전문가들이 함께하고 있습니다. 새로 오신 분들도 신뢰감이 들게끔 노력하고 있어요.

이러다가 정모를 추진하기도 했는데요. 추가 수익은 다 함께 마음을 공유하여 사회에 도움이 되는 방향으로 흘려보내기로 했습니다. 유기견 보호센터에서 봉사활동을 하고 사료나 용품 등으로 후원하여, 선한 영향력을 끼치는 펫시터가 되고자 했어요.

여러 노력이 결국 펫시터라는 직업 덕분에 파생된 터

라, 계속 펫시터 일을 해나가며 저의 활동을 펼쳐 나가려 합니다.

Q. 마지막으로 고소라님은 앞으로 어떤 펫시터가 되고 싶으신가요?

A. 먼저, 보호자님이 펫시터를 신뢰해주셨으면 좋겠습니다. 저도 마찬가지로 여행을 가거나 초빵이, 짱아와 떨어져 있는 와중에는 펫시터에게 돌봄을 요청하는 보호자랍니다.

내 강아지를 나처럼 사랑해줄 거라 믿고 의지하며 자리를 비우곤 하는데, 펫시터님과 소통하며 크게 안심이 되곤 해요. 펫시터 서비스가 다 끝난 뒤에, 영상을 돌려보거나 아이들이 환하게 웃고 있는 사진들을 보면 정말 행복합니다. 내가 없어도 불안해하지 않고 잘 놀았구나, 하고 크게 안심합니다.

보호자님들이 어떤 마음에서 불안해하시는지 저 역시도 매우 잘 알고 있기에, 그런 마음을 헤아리려 최선을 다합니다. 주어진 시간 안에 강아지들이 재미있게 산책하고 놀이를 즐기는 모습들을 보시고, 안심하시길 기대하고 임합니다.

"남의 새끼도 내 새끼같이!" 제 돌봄 철칙이라니까

요. 아낌없이 그리고 후회 없이, 제가 할 수 있는 한 정성을 다해 돌보아주고 싶습니다.

펫시터에서 여러 방면으로 활동 영역을 넓혀가는 고소라 펫시터님. 여러분도 이렇게 즐겁고 신나게 일하고 싶지 않으신가요? 고소라 펫시터님과 같이, 여러분도 멋진 펫시터가 되리라 믿습니다. 펫시터로 도전하실 여러분의 성장을 응원합니다.

🐾 초빵이와 짱아 🐾

🐾 돌보는 댕댕이와 함께 🐾

개물림사고 **당사자입니다**

안녕하세요 보호자님.

펫시터 양단우입니다. 저 기억하시죠? 물론 기억하시겠죠. 잊을 수 없을 겁니다, 그날의 사고를. 펫시터를 부르시며 사전 만남을 신청하셨길래, 수락하기 버튼을 누르기 전에 먼저 요청사항을 봤었더랍니다. 이렇게 쓰셨더라고요.

"아이가 물어요."

입질이 있는 대형견을 펫시터에게 맡기다니요! 뭐⋯. 생각해보자면 강아지들이 입질하는 이유야 많겠지요. 겁이 많아서, 낯을 가려서, 경계심이 많아서 등 다양한 이유가 있으니까요. 까닭 있는 입질이라, 그럴 수 있겠지 하고 최대한 긍정적으로 생각했습니다. 보통은 자극이 되는 행동을 자제하면 입질하는 사달이 벌어지지 않을 테니까요.

요청하신 장소도 매우 이상했어요. 주택가가 아니었기 때문이었어요. 일반적으로는 보호자의 가정집에서 이루어지는 게 펫시터 서비스인걸요. 산업지대와 주택가가 뒤엉켜있는 낯선 곳. 보호자님이 직접 나오셔서 길을 안내해주셨죠. 저는 보호자님을 따라 사업장 마당으로 따라갔어요. 그리고 피가 멎는 것 같은 기분을 느꼈습니다. 견사에 묶인 그 진돗개를 보는 순간 말입니다. 사납게 컹컹거리며 짖는 진돗개를 어떻게 산책시키지?

또또는 그렇게 짖어대다가 보호자님이 건네준 간식을 먹으며 겨우 진정이 되었어요. 요청사항에는 남자를 문다고 하셨죠. 아니요. 아닐걸요. 아직 1년도 안된 개가 사람을 문다는 건, 누구라도 물 만한 가능성이 있다는 소리예요. 사업장 견사에서 마구 풀어놓고 기르느라, 직원들을 몇 번 문 적이 있다고 말씀하셨죠. 그분들에겐 사과와 함께 치료비 보상도 하셨겠죠?

아무튼 또또를 애지중지한다고 말씀하셨습니다. 그러나 사랑한다고 말씀하신 흔적은 놀라웠습니다. 바닥에 깔린 모포는 대체 언제부터 깔려있던 것인지, 이물질로 뒤덮여 더럽기 짝이 없었습니다. 심지어 그 위에는 아이가 누워 있을 만한 쿠션이라든지 해먹같은 게 전혀 보이지 않았어요. 그 모포 위에서 온종일 누워있다가, 컹컹 짖다가, 밥을 먹다가, 하는 모습들이 보였습니다.

밥그릇과 물그릇에는 날벌레가 윙윙 날아다녀서 제가 손부채질해댔습니다. 보다 못해 그릇들을 씻으려고 움직이니 고생하지 말라며 마다하셨고요.

또또는 뭐가 불편해서인지 이 견사 안에서는 배변하지 않는다는 말씀도 하셨어요. 알루미늄 벽면 옆에서 기계가 쉴 새 없이 돌아가는 데에 대한 소음 스트레스로 인한 것 아닐까요? 저도 보호자님 목소리가 잘 안 들려서 소리를 지를 정도였는데. 청력이 예민한, 그것도 어린 강아지가 얼마나 스트레스를 받았을까요? 입질도 스트레스의 결과라고 봅니다만. 이렇게 강렬한 인상을 남긴 또또는 시간이 지나면서, 차츰 가까이 다가왔습니다. 나중에는 터그놀이도 열심히 할 정도였죠. 또또는 방긋 웃기까지 했어요. 보호자님은 안심하시고 잘 부탁한다고 말씀하셨고요. 그랬어야 했는데….

돌봄 당일 아침. 보호자님이 자리하지 않은 돌봄 현장에는 사나운 진돗개가 있었습니다. 맹수 같았지요. 맹렬히 짖는 또또를 어떻게 해야 할지 몰랐지만, 어쨌거나 흥분도가 조금 가라앉은 가닥이 보여 조심스레 입실했어요. 다행히 또또는 냄새를 킁킁 맡더니, 저를 알아보고 꼬리를 흔들었지요. 또또에게 몇 번 간식을 던져주고 받아먹게 한 뒤에, 산책용 하네스를 채우고 산책을 나섰습니다.

산책은 순조로운 것처럼 보였습니다. 열심히 걷는 또또가 당김이 심하면 능숙히 핸들링하기도 했지요. 그걸 잘 따라오더군요. 하지만 문제는 산책한 지 20분 정도가 지났을 때였어요. 쉬야하는 척 전봇대로 걸어가던 또또가 갑자기 뭔가를 덥석 무는 게 아니겠어요? 가까이서 보니 누가 먹다 버린 치킨 뼛조각들이 여기저기 흩어져 있었어요. 너무 놀란 나머지, 가까이 다가가 입을 벌리고 빼내려고 하는 찰나,

으르르르릉-

사납게 쓸려 올라간 콧잔등에 아차 싶었어요. 아, 얘는 무는 애지. 그런데도 제재하는 걸 멈출 수는 없는 노릇이었어요. 그걸 먹으면, 죽으니까요. 식도가 닭 뼈로 찢어지는 상상을 하려니 아찔하더군요. 다시 한번 다가갔더니 또또

121

가 날카롭게 으르릉 거렸습니다. 이번에는 공격을 할 태세였어요. 하는 수 없이 간식을 주면서 입에 물고 있던 뼈를 떨어뜨리려는 틈을 만드려 했습니다. 산책 가방에서 간식을 꺼내 멀리 던지려는 그때!

또또가 갑자기 제 목덜미를 물어뜯으려 달려들었습니다. 제 비명과 크르릉 거리는 소리가 뒤엉켰습니다. 주변에 도와줄 사람은 아무도 없었습니다. 손가락의 살점이 너덜거리자, 이번에는 제 종아리를 물어뜯었습니다. 개를 밀치고 물리적으로 막아보려 했지만 역부족이었어요.

한참 뒤, 진정된 또또가 제 몸에서 떨어져 나왔습니다. 손과 다리에서는 피가 줄줄 흘렀습니다. 보호자님께 전화를 드렸더니 죄송합니다, 가 아닌 어떡해요, 라는 말만 되풀이되었죠. 일단 알겠다고 끊어버렸습니다. 뭘 어떡하긴 어떡해요. 개가 나를 물었다니까요?

더 이상 얘기가 통하지 않을 것 같았습니다. 이미 먼 거리까지 나온 이상, 어쩔 수 없이 20분 이상의 시간을 들여 집으로 돌아갔습니다. 절뚝거리는 다리를 질질 끌면서요. 그동안 또또는 산책이 즐겁다는 듯 매우 기뻐했습니다. 그 사진을 보내드렸더니, 어떡하냐고 하셨죠.

그게 벌써 1년이 지났는데, 이게 마지막 연락이었어요.

치료비보다 진정성 있는 사과를 더 듣고 싶었는데 말입니다.

또또는 저를 시작으로, 앞으로 더 많은 사람을 물어뜯고 공격할 겁니다. 또또가 공격할 타깃이 보호자님이 되었을 때야 아차 싶을까요? 이후로 저는 거의 6개월 동안 괴사한 살을 파내고 새살을 덮는 치료를 받았습니다. 개의 치아에 있던 세균에 감염되어 살점이 괴사한 거였는데, 감염 정도가 심해서 살이 계속 썩고 있었더라고요. 애지중지하면서 양치는 안 시키셨나 봅니다.

그러니 이날의 사건을 당연하게 생각하지 않으시길 바랍니다. 특히나 동물전문가들이나 동물 관련업 종사자들이 동물들에게 상해를 입는 것을요. 제가 펫시터가 아니라 일반 시민이었더라면 당연히 흐지부지 넘어가지 못했을 겁니다. 다른 사람이었으면 대처도 못 하고 사망에 이를 수도 있었던 사고였어요. 저는 그 사건으로 인해 진돗개를 마주칠 때마다 심장이 조마조마해지고 식은땀이 흐르는 트라우마를 경험하기도 했습니다.

당신의 개는 사람을 공격합니다. 당신의 교육이 잘못되었기 때문입니다. 개를 기르기 전에 내 개에 관한 공부를 먼저 해주세요. 당신의 개가 당신과, 가족과, 이웃을 공격

하지 않도록 말입니다.

영영 지워지지 않을 흉터를,
죽을 때까지 지니고 살아야 할 펫시터 양단우가.

대형견과 산책하는 **펫시터만의 비결**

펫시터로 활동하면서 크고 작은 강아지들을 만나게 됩니다. 작은 강아지들이야 크게 거부 반응이 없으면 이동하는 것도, 핸들링하는 것도 수월한 편입니다. 그렇지만 큰 강아지들을 맡아야 할 때는 말이 달라집니다. 큰 강아지, 그러니까 대형견과 함께 산책하려면 어느 정도의 노련함이 있어야 합니다.

예전에 대형견을 반려해 본 보호자였다면 쉽게 이해할 수 있을 겁니다. 녀석들은 자기들이 조그마한 강아지인 줄 착각하고 줄을 당기는데, 사람의 입장에서는 되레 강아지에게 끌려다닐 수 있거든요. 그런가하면 대형견일지라도 소형견보다 핸들링이 수월하여, 알아서 척척 걷거나 매너

좋은 친구들도 있습니다.

이렇게 본다면 사실 보호자가 평소에 얼마나 잘 핸들링했는가가 중요한 것이지, 강아지의 크기가 중요한 건 아니라는 생각마저 듭니다. 솔직히 펫시터로 활동하며 가장 힘들었던 산책은 대형견들보다 오히려 소형견들과의 산책이었을 정도니까요.

대형견 친구 봄봄이는 정말 순하고 매너가 훌륭한 아이랍니다. 2년 전만 해도 봄봄이는 나를 엄청나게 무서워했습니다. 낯선 사람이 가까이 다가오는 게 무서워서 보호자가 직접 산책 준비를 해주어야 했을 정도였지요. 봄봄이와의 첫 만남에서는 어찌나 겁을 먹던지, 문 앞 복도에서 엘리베이터에 올라타기까지 거의 20분이나 걸렸답니다.

봄봄이는 내가 옆에서 팔을 살짝 들어도 경계했습니다. 매우 똑똑한 강아지여서 조금의 움직임을 곧잘 포착해 움찔하곤 했었죠. 이런 탓에 봄봄이의 경계심이 풀려질 때까지, 봄봄이 보호자와 동행산책을 진행했습니다. 봄봄이가 펫시터와 나란히 걷는 데 적응하기 위해, 가끔은 보호자가 휙 숨기도 하고 그랬답니다. 보호자가 나무 사이에 쓱 숨어서 봄봄이를 지켜보는 중 보호자가 사라진 걸 깨달은 봄봄이가, 깜짝 놀라며 우는 소리를 낼 때도 있었습니다.

알고 보니 봄봄이는 섬세하고 여린 친구였습니다. 사람에게도 호기심이 많고 낯을 가리지 않는 성격, 곧잘 수줍어하고 조심스러워하는 성격 등 여러 개성이 있잖아요? 강아지 친구들도 마찬가지랍니다. 봄봄이는 진심으로 자기를 사랑해주는 사람인지, 자기와 함께 많은 시간을 보낼만 하고 마음을 열어도 괜찮은 사람인지를 알고 싶었던 거예요.

우리가 만난 지 한 달여가 지나자 봄봄이도 마음의 문을 스르르 열었습니다. 지금은 문밖에서 내 발소리만 들어도 "어서 들어와, 산책 이모!"라며 애교섞인 소리를 냅니다.

나는 봄봄이를 알게 되면서 대형견의 매력에 더 많이 빠졌답니다. 이전에 디디를 기르면서 진돗개 진순이도 함께 기른 적이 있었는데, 봄봄이가 백 배는 더 착하고 귀여울 정도입니다.

봄봄이처럼 순한 강아지도 있지만 활달하고 명랑한 강아지들도 있고, 경계심이 많은 강아지도 있지요. 식욕이 강한 강아지도 있을 겁니다. 그러니 산책을 나서기 전에 반드시 강아지의 성향을 파악하는 것이 중요합니다. 경계심이 많은 강아지라면 오토바이가 지나가거나 다른 강아지들이 산책하는 것을 보고, 갑자기 힘을 주어 달려 나갈 수 있습니다. 식욕이 강한 강아지는 펫시터가 간식을 줄 때조차도,

자기가 먹는 걸 뺏어간다고 착각하며 입질할 수도 있습니다. 활달하고 산책을 좋아하는 강아지는 도로에 뛰어들거나 핸들링이 어려울 수 있으니, 시간을 다 채우지 못하더라도 산책이 가능한 만큼만 안전하게 진행해주세요.

허스키 뽀뽀와 산책 돌봄 때의 일이었습니다. 산책 흥분도가 높은 데다가 스스로 목줄을 벗겨내는 방법을 아는 영리한 강아지였어요. 인근 공원으로 산책하러 나갔다가 집으로 돌아오는 길에, 무슨 심통이 났는지 이리 뛰고 저리 뛰면서 춤을 추더라고요. 뽀뽀가 진정할 때까지 줄을 강제로 당기지 않고, 반대편으로 조금씩 텐션을 주었습니다.

그런데 갑자기 뽀뽀가 고개를 숙여 목줄을 벗기고선 순식간에 달아나버린 겁니다. 심지어는 뽀뽀가 달려간 곳이…. 신호등이 없는 사거리였어요! 여기저기 차들이 뒤엉킨 가운데 뽀뽀가 재빠르게 뛰어 가버렸습니다. 벌건 대낮에 허스키 한 마리의 질주라니. 뽀뽀가 달리는 걸 보고 운전자들이 곧장 차를 멈추어서 망정이지, 뽀뽀를 못 보고 속력을 내는 차량이 있었더라면…. 정말 끔찍하지요!

다행히 뽀뽀는 집 현관 앞에서 얌전히 기다리고 있었습니다. 초여름 날씨에 지친 뽀뽀가 빨리 집에 가고 싶었던 거죠. 뽀뽀는 산책흥분도도 높고 호기심이 많은 데다가 더

위를 많이 타는 친구였습니다. 내가 뽀뽀의 성향을 일찍 파악했으면 이런 아찔한 일은 벌어지지 않았을 겁니다.

성향을 미리 파악해두고 산책코스와 여러 대비책을 세우는 건, 소형견 친구들에게도 마찬가지로 적용됩니다. 그래도 대형견 친구들은 체구가 크다 보니, 좀 더 슬기롭게 대책을 세워두고 돌봄을 진행하는 것이 좋습니다.

유튜브로 "바디 블로킹"이라는 훈련 기술을 익혀두거나, 내가 맡을 강아지가 흥분하게 될 때 평소에는 어떻게 안정시키는지 보호자와 소통해두세요. 강아지의 줄 당김이 심하면 반대 방향으로 당겨서 산책 주도권을 펫시터가 갖게끔 하는 방법도 있습니다. 이것이 통하는 강아지도 있고 그렇지 않은 강아지도 있는데, 간식이라는 보상을 주면서 펫시터가 원하는 방향으로 차츰 이끌어가면 됩니다.

여러 방안을 연구해보시고 자기 역량에 따라 컨트롤이 가능한 강아지부터 산책 돌봄을 시작해보시길 권장해 드립니다. 덜컥 두려운 마음이 드신다면 소형견의 산책 돌봄부터 시작해 중형견, 대형견으로 조금씩 도전해보세요. 뽀뽀는 30kg이 넘는 강아지였는데, 뽀뽀 사건 이후에 어떤 대형견들을 다 컨트롤할 수 있는 용기가 생겼습니다.

일단 조금씩 도전해보세요. 무엇보다도 용기 있게 경험해보시는 게 최고입니다.

노하우만 있으면
어떤 댕댕이도
문제 없다구!

친절하게 산책하는 방법이 있나요?

펫시터가 되어 가장 곤란했던 건, 산책 흥분도가 높은 강아지를 컨트롤하는 일이었습니다. 나는 강형욱 훈련사님처럼 강아지들의 문제 행동을 교정해주는 전문가가 아니기 때문에 더욱 그랬습니다. 펫시터와 훈련사의 영역은 엄연히 다릅니다.

물론 훈련에 능숙한 펫시터분들은 간단한 행동 교정을 할 수도 있겠지만, 보호자의 입장에서 돌봄 영상을 보면 마치 "훈육"처럼 보일 수 있기도 합니다. 다시 말하지만, 펫시터는 보호자를 대신하여 강아지를 "케어"하는 사람입니다. 강아지 베이비시터인 셈이지요.

산책 흥분도가 지나치게 높아 하네스나 목줄조차 채울수 없는 상황이라면, 즉시 보호자에게 연락해서 알려야 합니다. 강아지가 요리조리 피하는 바람에 도무지 산책 돌봄이 어려운 상황이니, 실내 돌봄으로 변경할 수 있는지 허락받아야 합니다.

펫시터의 역량껏 최선을 다해 산책줄을 채워 보세요. 그리고 평소에 가는 산책 코스의 절반 이하로만 걷게 해줍니다. 왜냐하면 산책 흥분도가 높아진 데다가 스트레스를 잔뜩 받았기 때문에, 갑작스레 어디론가 뛰어가 버리거나 하네스와 목줄을 풀어버리려고 바둥거릴 여지가 있습니다. 이런 강아지들이 스트레스를 받지 않도록 산책은 조금만시켜주시고 귀가해주세요.

한편, 반대의 경우도 있습니다. 산책을 나서자마자 언제그랬냐는 듯, 의젓해지는 강아지들이 그렇습니다. 그래도언제 흥분할지 알 수 없으니 예의주시하며 산책을 진행합니다. 당장에는 얌전하다가도 어느 순간 흥분해버리는 상황이 벌어질 수 있으니까요.

강아지마다 개바개(케이스 바이 케이스의 강아지 버전)라서 그때그때 융통성있게 대응해야 합니다. 이 분야에서 매우 능숙하고 완벽하게 해결할 수 있는 전문가는, 세상에 아무도 없답니다. 아무리 그렇다고 하더라도, 강아지들의 공통적인 해결책은 존재합니다. 그건 바로 간식이랍니다!

만약 산책 중인 강아지가 고집을 부리며 버틴다면 어떻게 해야 할까요? 강아지의 목이 너무 조이지 않는 선에서, 강아지가 서 있는 반대 방향으로 살짝살짝 텐션을 줍니다. 이렇게 하면 강아지들이 펫시터가 준 신호를 알아듣곤 서서히 움직입니다. 강아지들이 펫시터가 원하는 방향으로 움직였을 때, 보상으로 간식을 줍니다. 이후로도 몇 번씩 반복하여 강아지들이 지나치게 고집을 부리지 않고도 즐겁게 산책을 경험하도록 해줍니다.

아마 강아지들은 그동안 자기가 주도하는 식의 산책을 해왔을 가능성이 높습니다. 그래서 자기 뜻대로 움직이지 않으면 산책을 거부하는 반응을 보일 수 있습니다. 강아지들을 간식으로 유혹하며 주도권이 펫시터에게 있음을 자연스럽게 알려주도록 해보세요. 강아지가 간식을 더 달라고 하면서 펫시터의 안내를 기다리고 있을 겁니다.

펫시터와의 단회적인 만남으로 강아지들의 드라마틱한 훈련 효과를 기대할 수는 없습니다. 하지만 강아지들이, 산책을 괴롭다고 느끼지 않도록 최선을 다하는 모습이 중요합니다. 내가 펫시터로서 할 수 있는 영역을 설정해두세요. 산책 흥분도의 정도를 살펴보고, 이 정도는 끄떡없지! 라고 생각하신다면 약간의 간식만으로도 부드러운 핸들링이 가능할 겁니다.

그러니 여러분도 능숙한 산책 집사가 될 수 있습니다. 그전에 자신의 숙련도를 솔직하게 인정하는 자세 역시 중요합니다. 부디 무사한 산책 돌봄이 되기를 기원합니다. 제발~

자 그럼
우리를 만날 준비가
되었나 멍?

PART 4

펫로스를 앓고 있는
펫시터

모란시장 출신 01년생 김디디

믹스견, 시골 똥개. 우리 디디와의 인연을 돌이켜보자면, 츤데레(쌀쌀맞아 보이지만 속으로는 다정하고 따뜻하게 대하는 것)적 감성이 넘쳤습니다. 디디는 중학교 1학년 때부터 시작해 나의 10대, 20대, 30대를 함께 한 형제였으니까요. 디디를 대할 때는 오구오구 하면서 정답게 대하기보다, "어이구~ 저거 또 저런다~"라는 욕할머니 감성에 더 가까웠습니다. 20년이 넘는 세월을 함께 보내며 이놈시키 저놈시키 하는 쪽이 더 익숙했습니다.

디디는 모란시장 안에 있는 개 시장에서 사 온 강아지였습니다. 꿉꿉한 장마철. 아버지가 장에 나갔다가 웬 박스를 가지고 왔는데 거기에 누렁이 한 마리가 있더라고요. 알고 보니 장마철이라 개가 안 팔린다고 해서, 단돈 5만 원에 떨 이로 사 온 것이었습니다.

불과 20년 전까지만 해도 동물 복지에 대한 인식이 거의 전혀 없다시피 해서, 강아지를 기를 준비를 전혀 하지도 않 은 상황에서 데려온 것이었습니다. 지금 와서 돌이켜보니 디디가 떨이로라도 우리집에 오지 않았으면, 개 시장에서 어떤 최후를 맞았을지…. 상상하기도 싫습니다.

훗날 SBS의 〈동물농장〉이라는 프로그램에 동물 복지에 대한 영상을 보게 되었습니다. 강아지는 평생 월경을 하는, 폐경이 없는 동물입니다. 이런 걸 이용해서 강제로 강아지 끼리 교배시키고, 죽을 때까지 강아지만 낳는 게 강아지 공 장이라고 합니다. 심지어는 소독되지 않은 주사기와 녹이 슨 문구용 커터칼을 이용해, 멀쩡히 살아있는 강아지들의 몸을 가르고 체액을 주입하는 것을 보고 기가 막혔습니다.

이 사실을 알게 된 이후로 생명을 함부로 대하지 않고 책임을 다하겠다고 다짐했습니다. 디디가 지나치게 눈치를 많이 보는 성격이, 이런 비윤리적인 환경에서 태어나고 개 시장에서 마구 굴려지면서 얻어진 게 아닐까 하는 염려도 생겼습니다.

시간이 흐르면서 동물 복지에 대한 대중의 인식이 변화하게 되었습니다. 실은 김디디처럼 모란시장에 진열되어 있던 강아지들도 있었지만, 펫샵 같은 곳에서 예쁜 모습으로 진열된 강아지들도 있었지요. 생명을 존중해야 한다며 분양 문화에 반대하는 분들도 많아졌고, 한편으로 유기견 보호에 대한 목소리도 커졌습니다.

많은 움직임 속에서, 나는 진정으로 강아지를 사랑하는 것이 무엇인지 진지하게 고민했습니다. 나와 마찬가지로 모든 생명이 공존할 수 있는 환경을 만드는 사람들도 점차 늘어났습니다.

반대로 다른 방향에서 가슴 아픈 일들도 벌어지곤 합니다. 이제는 SNS에서 "좋아요"를 받기 위해 강아지를 이용하는 것이지요. 귀엽고 깜찍한 강아지의 사진 이면에, 진정으로 강아지의 돌봄을 위해 헌신하고 있는가에 대해 현실적인 고민을 해봐야 합니다.

실제로 펫시터가 유명한 인플루언서의 집에 방문했더니 깜짝 놀랄 만한 환경이더라 하는 이야기도 심심찮게 들려옵니다. 겉으로는 천사 같은 강아지 사진이 많이 올라오지만, 집에서는 밥그릇에 초파리가 날아다니고, 물그릇은 비어서 강아지의 헤어볼이 말라붙어있고…. 심지어 배변패드도 제때 교체해주지 않아, 현관문을 여는 순간 악취가 진동하기도 합니다. 어떤 펫시터의 이야기가 아니라 모든 펫시터가 경험할 수 있는 일이랍니다.

펫시터가 되면 보호자로서 알지 못했던 여러 가지를 경험하게 됩니다. 이런 경험들 속에서 배울 점들이 참 많습니다. 돌봄 현장에서 잘 케어받지 못한 강아지들을 만날 때, 눈물이 나기도 합니다. 내가 더 나은 환경을 만들어 줄 수 있다면, 어떻게 해야 좋을까? 하고 고민하며 연구하기도 합니다.

방송 프로그램 이름처럼 "세상에 나쁜 개는 없"지 않습니까? 펫시터가 되려면 내 강아지를 사랑하는 마음으로 보호자의 강아지를 사랑해주고, 또 더 나은 환경에서 반려될 수 있도록 여러모로 돕는 마음이 중요합니다.

언젠가 한 살이 갓 지난 유기견 아가 강아지, 보리의 돌봄 요청이 들어온 적이 있었습니다. 요청하신 분은 임시보호자였습니다. 보리가 있던 환경이 좋지 않았다가, 보호소로 옮겨졌다는 얘기를 들었습니다. 그때 뜰장(사방이 철망으로 만들어져서 아래로 배설물이 떨어지게 만든 우리)에서 지냈다고 합니다. 까닭에 배변하는 것도 불안했는지 실내에서는 억지로 배변을 참느라 걱정이 된다는 것이었습니다. 간단하게는 실외 배변을 요청하려고 나를 부르신 것 같았는데, 보리가 사람을 두려워하지 않게 하려고도 부른 것만 같았습니다.

나는 보리의 속사정을 듣고 아주 많이 슬펐습니다. 디디가 겪었던 일들이 20년이 지나도 계속 일어나고 있다니. 기왕이면 세상이 얼마나 좋고, 아름다운지를 보여주자! 하는 마음으로 돌봄을 진행했습니다. 당찬 포부와는 달리 첫 만남에서 보리가 경계하고 두려워하며 배변을 지렸습니다.

그렇지만 산책을 진행하면서 산책줄이 지나치게 팽팽해지지 않도록 하고, 인근 산으로 올라가 함께 등산을 하며 경계심을 풀도록 해주었습니다. 잠깐 휴식시간을 가질 때는 맛난 간식도 먹였습니다. 나중에 보리의 모습을 찍은 사진을 보니까, 처음의 겁먹었던 표정과는 달리 무척 신이 난 표정이었습니다.

내 간절한 마음이 통했는지, 보리는 머지않아 해외로 입양되었습니다. 지금은 먼 외국에 있지만 보리가 사람에 대한 마음의 문을 여는 데, 나도 도움이 되었다고 생각하니 가슴이 뭉클했답니다.

앞으로 동물 복지에 대한 인식이 더 좋아지리라 생각합

니다. 동물과 사람이 더불어 행복한 세상이 되도록, 펫시터 들이 크게 도움이 될 수 있길 바라봅니다. 펫시터로 활동하면서 동물들에게 베풀 수 있는 일들을 하나씩 실천해보세요. 내가 모란시장 출신이었던 디디에게 미안한 마음으로, 다른 강아지들에게도 최선을 다해 다정한 친구가 되었던 것처럼 말입니다.

펫시터들이 가장 피하고 싶은 순간

"예약 시간이 다 되었다고 해서 제가 떠나버리면, 디디가 곧 숨이 끊어질 것 같아서요. 제발 디디를 병원에 데려가도록 허락해주시면 안 될까요?"

사랑하는 내 동생 디디가 두 번의 고비를 넘겼습니다. 내가 펫시터가 아닌, 그냥 보호자였어도 경험하고 싶지 않았는데…. 아마 펫시터라면 절대로 겪고 싶지 않은 순간들이겠지요.

나는 펫시터뿐 아니라 청소일을 하는 N잡러였습니다. 이 경험을 〈사모님! 청소하러 왔습니다〉에 담아냈지요. 한번은 청소일을 하는 중에 디디의 숨이 넘어갈 뻔했습니다.

다른 한번은 펫시터로서 돌봄을 진행하는 중에 디디의 심장이 멎었다는 소식을 들었습니다. 그 시간에 느꼈던 온갖 감정들이 여지껏 생생합니다.

디디가 갑자기 쓰러졌습니다. 6년 전 쯤에 뇌수막염이라는 질병으로 급작스레 쓰러진 이후, 처음 있는 일이었습니다. 다급히 디디를 데리고 단골 동물병원으로 뛰어가 응급처치를 했습니다. 뇌수막염이 발생했을 때에도 이미 노령견이라 생존 가능성이 20% 남짓으로 작았습니다. 하지만 기사회생으로 건강을 회복했기에, 이번에도 당연히 그럴 줄로 알았습니다.

다음날 아침, 청소일이 잡혀 있는 통에 단골 펫시터인 체리 펫시터님께 급하게 연락했습니다. 이미 다른 일정들이 있으셨지만 어렵사리 오케이 해주셨습니다. 펫시터님이 가루약을 물에 개어 입 주변에 살살 흘려 먹여 주기만 하고, 혹시나 있을 배변 실수들만 정리해주면 되었습니다. 무척 불안했지만, 이전에도 여러 차례 디디를 봐주셨던 분이라 조금은 마음이 놓였습니다. 그리고 청소일을 빨리 끝내려 했습니다.

근데 욕조와 변기 청소를 하는 순간, 핸드폰이 울리기 시작했습니다. 체리 펫시터님이었습니다. 펫시터님이 입실

하자마자 디디의 상태가 심상치 않았다고 합니다. 그러다 이제는 아예 숨이 넘어갈 것만 같다는 거였습니다. 그러면서 디디를 제발 병원에 데리고 가면 안 되겠냐고 우시는 게 아니겠어요? 나는 청소일을 끝마치면 괜찮을 거라고 안심시켰습니다.

펫시터님은 한사코 나를 말렸습니다. 예약된 돌봄 시간이 끝나서 퇴실해버리면, 디디가 무지개다리를 떠날 것 같다고요. 펫시터님은 실시간 돌봄 상황을 카메라로 찍고 있었습니다, 돌봄 현장을 들여다보니 진짜 심각한 상황이었습니다. 나는 펫시터님에게 디디를 병원으로 이송해달라고 부탁했습니다. 디디가 금방 떠나갈 듯 헐떡였습니다. 조금만 더 판단이 흐렸거나 펫시터님이 그냥 퇴실해버렸더라면…. 아마 디디의 마지막을 보지 못했다는 절망감에 빠졌을 겁니다.

디디가 걱정되었지만, 내일 또다시 잡혀있는 돌봄 예약을 미룰 수는 없었습니다. 보호자는 한달 전부터 펫시터 예약을 해놓은 상태였고, 지방에 내려가는 상황인지라 내가 꼭 필요했거든요. 가족에게 디디의 간호를 부탁하고 돌봄을 하러 나왔습니다.

보호자 집에 도착하니 깜지가 활짝 웃고 있었어요. 까맣고 윤기나는 털이 매력적인 믹스견 깜지. 우리는 벌써 네번째 만남을 가진 사이였습니다. 어지러운 마음을 내려놓고, 깜지와 함께 산책을 시작했습니다. 깜지는 나를 만나 무척 즐거운 눈치였지만, 깜지의 웃음에 나는 과연 어떤 표정을 지어야 할 지 몰랐습니다.

약 30~40분의 산책 돌봄이 끝나고 귀가시키려는 도중. 집에서 전화가 왔습니다. 처음에는 일하는 중이니까 전화를 받지 않고 그냥 끊어 버렸습니다. 그러다 부재중 전화가 몇 통씩 쌓여가자 이상하다는 생각이 들었습니다. 설마?! 이윽고 카톡 알람이 울렸습니다.

"병원으로 빨리 와"

펫시터로 활동하면서 이렇게 힘든 경우가 또 있을까요? 내 강아지가 아픈 데 가보질 못하는…. 아직 돌봄 시간이 15분이나 남았는데, 어떻게 해야 할지 모르고 현기증이 났습니다. 디디가 구토하다가 쇼크가 와서 응급처치 중이고, 급기야는 심정지가 왔다는 메시지가 자꾸 왔습니다. 불안함 때문에 심장이 두근두근 요동치고, 눈물이 차올라서 옷소매로 여러 번 닦아냈습니다.

겨우 정신을 붙잡고 깜지의 맘마와 물을 주었습니다. 다

먹은 깜지가 소파 위에 올라 앉아서 실내 돌봄을 기다리고 있었습니다. 내 기분이 어떤지 알 턱이 없는 깜지는 그 어느 때보다 더 방실방실 웃고 있었죠.

체리 펫시터님이 살려 주신 덕분에 우리 디디와 함께 할 수 있는 시간이 더 늘어났건만. 이번엔 펫시터 일 때문에 디디와 함께 할 시간이 줄어들고 있었습니다. 내 개가 죽었는데 나는 뭐 하고 있는 걸까? 그야말로 멘붕이 왔습니다. 깜지와의 돌봄 시간에 녹화된 내 웃음소리는, 사실 반쯤 실성한 소리인 셈이었어요.

디디가 죽었는데 나는 밝게 웃어야만 한다니. 이 가혹한 운명 앞에서 대체 어떤 표정을 지어야 할까요?

지금 당장 돌봄을 중단하고 디디에게 달려간다고 해도, 디디가 떠난 것은 바꿀 수 없는 사실이었습니다. 슬픔을 보류해야만 하는데, 자꾸만 가슴 한쪽이 시려왔습니다. 깜지의 해맑은 웃음 속에서 생기를 잃고 죽어간 디디의 얼굴이 떠올랐습니다. 그러자 이건 아니다 싶어, 보호자께 급하게 메시지를 보냈습니다. 아무리 그래도 내 강아지를 만나러 가야해!

땀과 눈물에 젖어서 마구 뛰었습니다. 지하철과 버스를 환승하며 정신 나간 사람처럼 엉엉 울었습니다. 그때 다시 전화가 왔습니다. 심폐소생 끝에 기적적으로 디디가 살아났다고 말입니다. 디디의 멎은 심장이 다시 움직인 것을 상상하니까 마치 내 심장도 꿈틀거리는 듯했습니다. 디디는 나보다 더 강인한 개였나 봅니다.

병원에 겨우 도착해 산소실에서 사투를 벌인 디디를 만났습니다. 아직 살아있구나, 고맙다. 어지러운 나의 얼굴 위로 희망과 좌절이 교차했습니다.

오늘만은 나를 떠나지 말아다오.
나의 사랑하는 내 모든 것아.

그날의 펫시팅으로 나는 죽음과 사랑, 두 가지에 전부 가까워진 기분이 들었습니다. 펫시터라면 나의 반려동물이 떠나갈 때, 펫시터로 일하는 시간이 겹치지 않았으면 하는 바람이 있을 겁니다. 내 강아지가 이제 곧 세상을 떠날 준비(전조 증상이라고도 부릅니다)를 하는 기색이 있으면, 보호자와 상의하셔서 마지막 순간을 지켜주세요. 우리가 처음 만났던 날이 소중했던 것처럼, 마지막 날도 소중하니까요. 만약 내 강아지가 아프다면 간호에 집중해주세요. 후회하는 일이 없도록이요.

한없이 사랑해주되, 마지막까지 사랑해줍시다.
강아지들이 우리에게 준 사랑만큼이나요.

똑똑, 여기가 펫로스 상담실인가요?

디디가 떠난 후. 강아지들을 만나야 하는 게 마음을 참 어렵게 했습니다. 그러면서도 막상 강아지들을 보면 가슴속 슬픔이 조금은 휘발되는 기분이었습니다. 완전히 풀리지는 못하더라도요.

이런 내 기분을 어떻게 알고선 무릎에 올라앉아 팔이나 손을 핥아주는 녀석이 있는가 하면, 마치 사람이 안아주듯이 내 어깨 위로 폭신한 턱을 올려놓는 녀석도 있었습니다. 모든 종류의 위로들이 한 아름 안긴 것만 같았습니다.

그러다 돌봄이 끝나고 집에 가는 버스에 올라타면, 나도 모르게 눈물이 흘렀습니다. 사람들 앞에서 눈물을 보이는 스타일이 아닌데. 생각지도 않은 눈물이 쏟아져 무척 당황스러웠습니다. 황급히 버스에서 내려 눈물을 닦았습니다. 마음을 추스른 뒤 다음 버스를 기다렸지요. 날마다 이런 상황이 반복되니 슬픔을 토로할 수 있는 뭔가가 필요하다는 생각이 들었습니다.

한번은 우울한 기분을 털어 버리려 SNS를 하고 있었는데, 어디선가 '펫로스 증후군'이라는 걸 상담한다는 얘기를 들었습니다. 펫로스 증후군은 강아지나 고양이, 앵무새, 햄스터 등의 반려동물이 우리의 곁을 떠난 뒤에 남아있는 보호자들이 겪는 우울감을 말합니다. 이 우울감이 손 쓸 수 없게 커져 버리면 상상할 수 없는 상실감이 닥쳐옵니다.

이런 분들이 가장 많이 상처받는 말은 아마도

"그깟 개 죽은 거 가지고 유난이냐!"

라는 질타 아닐까요? 우리에겐 마음을 기대어 온, 사랑하는 생명인데 말입니다. 아무튼 작은 생명을 떠나보낸 사람들이 펫로스 증후군으로 힘들어하지만, 냉정한 말을 들을까 두려워 속앓이만 하는 경우가 많았습니다. 나는 이런 문제를 다루는 펫로스 상담소가 있다는 걸 처음 알게 되었습니다.

펫로스 상담소의 문을 두드린 날. 누가 나를 판단할까

봐 덜컥 겁이 났습니다. 특히 동물 관련 일을 하고 있으면서, 마음의 아픔을 쉽게 극복하지 못한 내가 나약해 보일까 조마조마했습니다. 이런 걱정들에 둘러싸여 펫로스 상담소의 문을 열었습니다.

펫로스 상담소는 지금까지 보지 못했던 신비한 곳이었습니다. 눈 앞에 들어온 디디의 사진을 보면서 어린 아이처럼 울고 말았습니다. 모두들 이런 나를, 있는 그대로 놓아두었습니다. 다른 사람들 앞에서는 괜히 숨기고 가려왔던 이야기들을 솔직하게 털어놓아도, 누구 하나 비판하거나 편견섞인 말을 하지 않았습니다.

"많이 힘드셨죠? 디디는 정말 사랑스러운 강아지였네요. 그리우시겠어요."

마음껏 디디를 떠올리고 추모하면서, 슬픔의 무게가 덜어지는 듯했습니다. 그제야 마음을 크게 짓눌렀던 이야기를 털어 놓았습니다. 펫시터이면서도 내 강아지를 잘 케어하지 못했다는 죄책감. 가족이 자칫 천국으로 떠나갈 뻔한 상황에서 돌봄을 하고 있었다는 괴로움. 모든 감정들을 처음으로 꺼내 보였습니다. 함께 자리한 분들과 온전히 나의 감정, 추억, 사랑들을 나누며 마음에 숨 쉴 수 있는 공간 하나가 트인 것만 같았습니다.

마지막으로 디디의 사진이 새겨진 추모의 선물을 받았습니다. 집에 돌아와 디디의 사진을 보고 있으니, 이제 조금은 웃을 수 있는 힘이 나는 것만 같았습니다. 간혹 그때의 기억을 떠올리면 여전히 위로와 감동들이 파도처럼 몰려오는 느낌이 듭니다.

펫시터로 활동을 하다가 나의 사랑하는 반려동물들에게 안타까운 일이 벌어질 수 있습니다. 펫시터 일도 좋지만, 훗날 후회되지 않도록 내 가족을 먼저 보살펴주세요. 마음의 힘이 상실되고 결국 다른 강아지들을 돌볼 수 없는 상황까지 오기 전에 말입니다. 괜찮다, 괜찮다고 말하지만 괜찮은 일이 아니라는 걸 알고 있습니다. 아무리 가족에게 최선을 다해도 슬픔을 털어내기란 쉽지 않은 일입니다.

나는 아직 펫로스를 앓고 있는 펫시터이고, 여전히 디디가 떠난 자리를 기억하고 있습니다. 펫시터로 일할 때 만나는 강아지 친구들의 위로를 받고 있습니다. 더불어 슬픔에 압도되지 않으려 노력하는 중입니다. 펫시터로 일하게 될 때 펫로스 상담소라든지 여러 전문가의 도움을 꼭 받으셔서, 마음 챙김을 잘 하시길 간절히 바랍니다.

이제 준비완료!
우리 산책갈까?

에필로그 : 펫시터여서 인생이 바뀌었어요!

"개 돌보는 거? 그냥 대충 공원 같은 데나 목줄 채우고, 쓱 돌아다니다가 집에 와서 몇 번 만져주고 밥이나 주면 됐지!"

간혹 펫시터의 업무에 대한 이해가 부족한 말을 들을 때가 있습니다. 그럴 때마다 펫시터는 이러저러한 업무를 하는 거예요, 라고 설명해드리곤 합니다. 설명을 다 들으시곤, "와! 완전 전문가네~"라며 눈이 휘둥그레지곤 하시죠.

이처럼 강아지를 기르는 분들이 펫시터를 하고 싶어 하지만, 펫시터의 업무를 정확하게 알지 못할뿐더러 어디서 어떻게 시작해야 할지 부족한 정보로 도전을 망설이는 경우가 많았습니다.

나는 그분들에게 조금이나마 도움이 되고 싶었습니다. 원래 펫시터로의 경험담을 담아 브런치에 연재했습니다. 이후에는 브런치북 〈그놈의 댕댕이〉로 엮어 냈습니다. 이것을 시작으로, 동물과 관련한 글을 쓰는 일을 하게 되었습니다. 동물전문책방 '동반북스'가 제작하는 〈작은 친구들〉이라는 매거진에서 에세이스트로 활동하게 된 것이죠. 이 책은 브런치북과 매거진에 실린 내용들을 바탕으로, 독자분들에게 도움이 될 만한 노하우들을 수록하였습니다.

펫시터나 반려동물 돌봄 서비스를 이용해 본 보호자의 관점에서, 펫시터로 발돋움하기까지는 숱한 노력의 과정이 있었습니다. 평범한 강아지 집사에서 동물전문가로 서기까지, 정보가 부족한 건 물론이었고요. 정말 맨땅에 헤딩하듯이 경험치를 쌓아갔습니다.

이 책을 읽으신 분들은 나처럼 방황하지 않도록, 내용 하나하나가 작은 불빛이 되었으면 하는 바람입니다.

펫시터의 역량을 쌓고 〈그놈의 댕댕이〉가 세상에 나올 수 있도록 도와주신 모든 분께 감사합니다. 아무것도 잘하는 게 없다고 절망할 때 펫시터로 길라잡이가 되어주신 하나님, 강경원 목사님과 언제나 제 길을 응원해주시는 하늘가족 식구들, 나와 디디를 사랑하는 가족과 디디북스의 동역자 이지혜 선생님, 귀여운 동물 친구들을 마음에 쏙 들게 그려주신 김샛별 작가님, 인터뷰에 흔쾌히 응해주신 초빵이 짱아의 고소라 펫시터님, 디디를 있는 힘껏 사랑해주신 이혜진 펫시터님, 체리 펫시터님, 응원과 격려를 아끼지 않는 홍은화, 이유나, 권미숙 작가님들, 동물책방 동반북스의 심선화 대표님과 펫로스 상담소 '살다' 선생님들, 항상 사랑과 감사한 마음이 가득한 봄봄이 보호자님, 행운행복구름 삼둥이 보호자님, 디디가 떠나기 전에 많이 예뻐해 주시고 지금도 응원해주시는 뾰뇨 보호자님. 〈그놈의 멍멍이〉를 믿어주시고 텀블벅으로 후원해주신 후원자님들 감사합니다.

디디북스 제작진들, 그리고 다 말씀드리진 못하더라도 여러 방면에서 도와주신 분들께 진심으로 감사합니다.

나는 펫시터가 되면서 인생이 바뀌었습니다. 내 개를 사랑할 힘을 얻었고, 동시에 동물을 사랑하는 것이 내 인생의 소명인 것을 깨달았습니다. 펫시터가 된 후에는 여력이 될 때마다 동물 관련 책을 읽으며 지식을 쌓고, 동물 관련 단체의 특강을 찾아 듣습니다. 사무실에서 모니터만 빤히 들여다보며 무기력하게 살던 내 모습과는 완전히 딴판으로 살아가지요. 아직 부족한 점이 많지만, 활동 범위를 넓혀가며 차차 개선되어 가고 있습니다.

보다 펫시터로 도전하는 분들이 많아지며, 동물을 사랑하는 마음과 손길들이 더욱 커지리라 소망합니다.

그놈의 댕댕이

발행일 2022년 8월 26일 초판 1쇄

지은이 양단우
펴낸곳 디디북스 (디디컴퍼니)
출판등록 제2021-000112호
ISBN 979-11-978198-1-0(03490)
전자우편 realovingod@naver.com
인스타그램 @didi_company_books (디디북스)
　　　　　　 @didi_kim_ (펫시터)
홈페이지 https://linktr.ee/didi_kim_

디자인 샛별디자인